零基础玩转
AI绘画

郭绍义　刘冯实　著

天津出版传媒集团

天津科学技术出版社

图书在版编目（CIP）数据

零基础玩转 AI 绘画 / 郭绍义，刘冯实著 . -- 天津 ：
天津科学技术出版社，2023.12
　ISBN 978-7-5742-1690-7

　Ⅰ . ①零… Ⅱ . ①郭… ②刘… Ⅲ . ①图像处理软件
Ⅳ . ① TP391.413

中国国家版本馆 CIP 数据核字（2023）第 227926 号

零基础玩转 AI 绘画
LINGJICHU WANZHUAN AI HUIHUA
责任编辑：杜宇琪

出　　版：天津出版传媒集团
　　　　　天津科学技术出版社

地　　址：天津市西康路 35 号

邮　　编：300051

电　　话：（022）23332695

发　　行：新华书店经销

印　　刷：天宇万达印刷有限公司

开本 710×1000　1/16　印张 12　字数 120 000

2023 年 12 月第 1 版第 1 次印刷

定价：58.00 元

　　《零基础玩转 AI 绘画》是一本关于 AI 绘画软件——"文心一格"的书籍，本书由浅入深，从介绍热门应用类型及关键词、分享描述语到实战剖析，内容详细。即使是没有美术基础的读者，通过认真学习本书，也能进行 AI 创意设计。

　　AI 绘画软件，在艺术和设计中有着巨大的潜力和影响力，这类软件在当今时代很有普及、推广的必要。热爱绘画的新手小白在创作过程中，可以利用 AI 绘画软件来拓展创作能力和创意表达，甚至有可能创作出超越专业设计师的优秀作品。AI 绘画软件提供了新的创作方式，但创作者在创作时也需要独特的眼光、专业的知识、良好的判断力，以及正确的设计方向。此外，AI 绘画软件还可以帮助绘画新手小白节省时间和精力，让他们在本职工作之外的业余时间，仍有精力去追寻自己和绘画有关的梦想，在自己热爱的领域挥洒汗水。

　　本书共分 5 章，从初识 AI 绘画软件到常用的绘画技巧，从绘画关键词的精准选取到 AI 绘画热门实操案例，所授技法新颖实用。

序言

　　在《零基础玩转 AI 绘画》这本书中，读者可以获得和 AI 绘画软件有关的从认知到实际项目应用方面的大量知识。只要认真学习，跟着相关案例做练习，就可以基本掌握 AI 绘画软件的使用方法。即使没有美术基础的读者，通过本书的学习，也可以开启自己的创作生涯。无论是从事设计的专业人士，还是对 AI 图像生成技术和艺术感兴趣的业余人士，都会从这本书中获得有价值的内容和启示。

　　此外，因 AI 绘画的生成结果受样本库的影响很大，所画人物的手、眼睛等复杂度较高的细节非常容易出问题或走形，创作者在使用 AI 绘画软件生成图片后，还需使用其他画图软件对图片进行完善。为呈现 AI 绘画软件创作的原始性，本书中的图片都未进行二次修改创作。相信随着样本库的丰富，AI 绘画软件创作的作品也会越来越优质。

　　最后，特别感谢陈朝旭、蒋文强、巴图蒙赫、朱怡品、王锦涵、汪溪遥、张成祝、黄胜雪、胡雪铌对本书创作和出版做出的贡献。

目　录

第 1 章　AI 绘画基础介绍

第 2 章　AI 绘画趣味实操

第 3 章 进阶玩法教学

第 4 章　AI 绘画进阶教学

第 5 章　AI 绘画商业实践

第 1 章　AI 绘画基础介绍

1.1 初识 AI 绘画软件

聊天机器人的出现为我们打开了一个新的思路，让我们重新认识了AI（人工智能的英文简写）。目前来说，AI人比较让人惊叹的是它的写作和绘画功能。AI创作的作品也一度让作家、画家、设计师等专业人士产生了一些危机感，按照这个趋势发展下去，很多行业势必会受到冲击，尤其是一些替代性比较高的行业，比如客服、文员、排版人员等。

现在AI绘画软件有很多，以"文心一格"为例，它是一款专业的AI绘画软件，可以在界面中输入一些关键词汇或短语来生成图片，如"花瓣的肌理""人物的表情"等。使用这款AI绘画软件时，只需在对话框内输入关键词来描述目标，再发送图片，就可经AI读取、理解、计算后得到相应的效果图。

"文心一格"提供了一个零基础AI绘画创作平台，让每个人进行绘画创作时都能展现个性化格调，享受艺术创作的无限乐趣。无论是绘画小白，还是专业的设计师，只需要输入创想关键词，并选择期望的绘画风格，就能在几秒钟内得到AI画作。我们还可以设置各种不同的风格和主题，常使用的关键词有"动画""写实""国风插画"等，得到画作，稍微排版后，一整套精致的主题图片就在极快的时间内完成了，出图效率远远高于传统绘画软件，这也是AI绘画在当下爆火的原因。

1.1.1　尝试临摹

　　文心一格使用门槛低，操作流程均可以全中文运行，操作也比较方便，并且可以识别"中国风"等描绘性关键词，可以通过输入此类关键词生成类似于国画风格的图片。人类学习绘画，通常从"临摹"开始。学习AI绘画时，也是如此。

　　在文心一格中，首页右上角的"搜索"功能，以及首页下滑的"探索创作"，都是"临摹"的好去处，如图1-1所示。选中自己喜欢的画作，输入复制画作的关键词即可。因为AI背后的随机性，不必过于担心创作结果雷同，输入同样的关键词可以得到不同的创作结果。在此基础上，根据自己的喜好，不断调整输入的内容，就可以正式开启属于自己的创意之旅。

图1-1　"搜索"与"探索创作"功能

　　了解一下文心一格的操作界面，点击首页左上角的"AI创作"后，我们可以看到完整的作图界面，如图1-2所示。最左侧为操作栏，可以选择系统自带的"推荐"功能，输入我们希望生成图片的关键词，画面类型由系统智能推荐生成。如果对图片风格有更高要求，我们可以选择"自定义"模式，如图1-3所示。

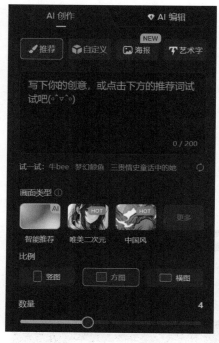

图1-2 "推荐"的作图界面

图1-3 "自定义"的作图界面

文心一格的功能逐渐完善，现在更是新增了"海报"及"艺术字"功能。在"海报"功能中，我们可以选择想要的排版布局，如竖版9：16及横版16：9，而且对于海报的排版布局也可以进行选择，如图1-4所示。我们可以在"海报主体"一栏输入描述语，如"马在郁郁葱葱的草地上平静地站立"；在"海报背景"一栏可输入描述语，如"一幅广阔的草原景观，群山起伏，白云柔和，草随风摆动"。如

图1-5所示。选择生成图片数量后，等待生成即可，生成结果如图1-6
所示。

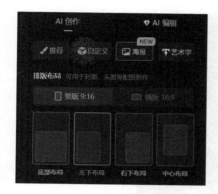

图1-4　选择海报的排版布局

图1-5　海报主体及背景关键词描述图

1-6　生成结果

在"艺术字"功能中，我们可以输入1至5个汉字，如"夏天"；
在"字体创意"一栏输入"夏天美好记忆，蓝色海洋，木桥"，如图1-7
所示。在选择比例及图片数量后，等待生成即可，生成结果如图1-8
所示。

文心一格有自己的分享平台，我们可以看到其他人分享的画作，
当我们看到比较喜欢的画作时，可以点进去观看，该画作的描述词可
以为我们的绘画创作提供更多的关键词参考。操作时，推荐使用"自

定义"模式来进行操作，这样，既可以选择不同风格的 AI 画师，可以上传参考图，还可以设定更多的关键词。

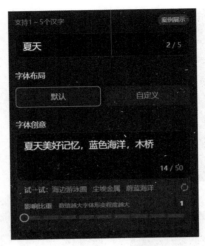

图 1-7　字体布局选择及字体创意内容描写

图 1-8　生成结果

如何玩转自定义模式

在自定义模式中，可以使用比推荐模式更新的 AI 版本，自定义更多的 AI 参数，因此，自定义模式是一种能体验更好的 AI 绘画效果上限的模式。

首先，自定义模式并非是"使用更加容易"的模式。打个比方，推荐模式相当于手机拍照，按下拍照键，就可以得到结果；而自定义模式相当于单反相机，需要了解每个参数的设定方式，根据拍摄者的需求和经验，仔细设定参数并按下快门。虽然单反相机使用难度更大，但可以得到更好的作品；而不恰当地使用自定义模式，可能反而会得到不如普通模式的结果。因此，如果你希望使用自定义模式，就要多一些耐心去学习与 AI 绘画软件协作的方式，相信你会收获意想不到的惊喜。

1.2.1　自定义参数设置

就目前的 AI 绘画技术而言，输入的文本、参数非常重要。输入合适的文本、参数能最大程度释放 AI 绘画的能力，反之，虽然也可以得到及格的结果，但很难体现 AI 绘画的优势，这也是自定义模式的重要价值之一。然而，如何优化输入文本和参数，是一个没有定论的问题，不同的描绘对象、风格、个人预期应该如何达成，是一个需要学习、积累经验、参考样例不断进步的过程。

下面，将通过 4 个步骤，介绍高级自定义模式的参数设定方法，作为入门的参考。

第一步：确定最核心的描绘内容

最核心的描绘内容，通常是一个具体的对象。请注意，目前多个具体对象的描绘对 AI 来说难度更大一些。例如，我们想绘制汽车，那么，可以先将关键词"汽车"填入最上方的"写下你的创意"，同时在"AI 画师"一栏选择"具象"风格，第一版生成结果如图 1-9 所示。

图 1-9　第一版图片

我们可以看到，只在"写下你的创意"输入"汽车"一词，会有两个问题。

（1）画面看起来比较普通，缺乏美感和惊喜感；

（2）风格比较随机。

但可以通过这一步骤，首先确认核心描绘内容的准确性。

第二步：确定风格

对于 AI 绘画而言，"画面风格"起到至关重要的作用，不同风格的画面观感差异很大，因此需要我们确定想要的风格。我们可以从两个角度入手，一是对风格的描述，例如油画；二是指定艺术家，例如梵高。风格与艺术家选择如图 1-10 所示。

在指定风格之后，AI 绘画的产出效果就比较稳定了，而且风格本身蕴含美感，效果如图 1-11 所示。

图 1-10　风格与艺术家选择界面

1-11　风格选择后的图片效果

接下来，列出一些典型的风格和艺术家以供参考。需要注意的是，AI 绘画并没有一个严格的"风格集合"，可以多发挥自己的想象力。

（1）风格方面，可以选择文心一格自定义模式提供的风格选项，如图1-12所示。此外还可以尝试：赛博朋克、照片、奇幻、电影、抽象、印象派、蒸汽朋克、3D、CG、铅笔画、素描等。

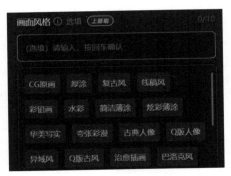

图1-12　画面风格界面

（2）艺术家方面，可以选择齐白石、黄宾虹、徐悲鸿、潘天寿、张大千、傅抱石、梵高、莫奈、高更、达·芬奇、毕加索、新海诚等，如图1-13所示。

图1-13　艺术家选择界面

第三步：调整细节

确定画面内容和风格后，接下来需要根据我们的预想，进一步调整画面细节。画面细节的调整，主要分为两个方面：一方面是描绘对象的关键特征，例如我们的"汽车"具体是什么样；另一方面是画面的特性，举例如下。

视角，如俯瞰、侧面、仰拍、广角、微距、清晰聚焦等。

色调，如黑白、莫兰迪配色、暗色、暖色、冷色、炫彩、马卡龙配色等。

光线，如柔光、剪影、强光、过曝光等。

天气，如晴天、小雨、狂风、雾气、冰雪等。

需要注意的是，AI绘画并没有一个严格的"特性集合"，可以多多发挥自己的想象力。

对于"绘画意向"而言，有一个额外可调整的细节，即"不希望出现的内容"，如图1-14所示。填写此处，可以降低指定内容出现在画作中的概率。需要注意的是，这并不意味着填写的内容一定不会出现在最终作品中。

图1-14　填写不希望出现的内容

第四步：持续优化

接下来，就是AI绘画最困难也最有趣的环节——持续优化。例如，我们希望"汽车"看起来更高大一些，这时不仅可以修改创意部分的形容词，也可以利用修饰词进行更具体的描述。比较常用的修饰词举例如下。

清晰度，如高清、超高清、HD、4K、8K等。

局部要求，如精致细节、皮肤光泽、完美面容等。

质感，如真实、细节、金属光泽、皮革、木质、锈蚀等。

由于AI绘画没有严格的"特性集合"，我们可以随意发挥自己的想象，将举例中的修饰词多次调整，生成的图片就是发挥想象力的结果，如图1-15所示。

图1-15　多次调整修饰词后生成的汽车图片

因为AI绘画具有随机性，一次、两次生成的作品可能未必能达到我们心中所想，需要多一点儿耐心，和AI一起多尝试几次，或者参考其他用户在文心一格的创作成果（利用首页下拉的"探索创作"或首页右上方的"搜索作品"功能）。

在"修饰词"一栏，我们可以选择赛博朋克、摄影风格、对称等专业名词以获得更精准的画作效果，如图 1-16 所示。

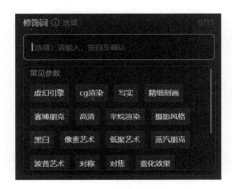

图 1-16　修饰词界面

以下是一些修饰词的解释。

虚幻引擎（Unreal Engine）是一个用于游戏开发、虚拟现实、建筑可视化等领域的软件引擎。它由游戏制作团队 Epic Games 开发，拥有强大的物理引擎和图形渲染技术，能帮助开发者创造出高度逼真、互动性强的虚拟世界。

摄影风格即高质量的写实照片风格。一张好的照片通常会有主体、陪体、前景、背景等各种元素，主体是要重点表现的对象，是画面的主要组成部分，是集中观者视线的视觉中心，也是画面内容的主要体现。而其他元素都是为了突出主体而存在的。在创作时，可以通过虚实对比、大小对比、明暗对比、动静对比等方式来突出主体。

蒸汽朋克大量运用钢铁、机械、蒸汽机等核心元素，结合英国维多利亚时代和日本大正时代美学特点，加上天马行空的想象力，便形成了今天我们看到的"蒸汽朋克"。常见元素有：蒸汽动力、机械臂、差分机、齿轮、轴承、钢铁、黄铜色、浮雕花纹等。

　　波普艺术追求大众化的、通俗的趣味，反对现代主义自命不凡的清高，在设计中强调新奇与独特，并大胆采用艳俗的色彩，追求形式上的异化和娱乐化的表现主义倾向。

　　尺寸选择界面有 1：1、16：9 或 3：2 等规格，如图 1-17 所示。我们选择想要的规格，选择生成的数量，等待生成。生成时间预计 2 分钟，系统会根据设定的内容，从样本库中提取对应素材，最终绘出一幅具象的画作。作品生成之后，可以点击最满意的一幅，通过右侧一列操作栏可以进行下载及分享；也可以放入收藏夹；还可以进行添加标签、公开画作等操作。

图 1-17　尺寸选择界面

1.3 AI 绘画热门操作

1.3.1 人物生成

人物要怎么生成？首先，我们要了解一下最基本的 AI 绘画原理，简单来说就是人机合作。我们输入文字作为指令来向 AI 描述我们想要的图片，而 AI 返还给我们相应的图片结果，最终的出图质量与 AI 的理解和计算模型有关。我们能控制的部分是对文字指令的描述，描述得越精准，得到的图片就越符合我们的心意。

下面讲一下文字指令的基础写法和框架。

首先通过客观描述主体元素对画面元素进行限定，比如谁在哪里，在什么时候正在做什么事，以及是怎么做的。然后通过描述风格，细化细节。我们可以输入关键词，如"18 岁的中国女孩在一列充满花朵的火车上，开朗，快乐，艺术由早川河介以自然主义风格展示，假日，青春活力，天空中的花朵，仿真电影，超细节梦想高保真摄影，五颜六色，覆盖在鲜花上，电影般的拍摄，广角视角"，如图 1-18 所示。

可以把短语组织成完整的句子，也可以直接将短语发送出去，结果都

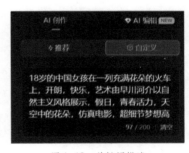

图 1-18　关键词描述

是差不多的。图 1-19 就是 AI 基于刚才的简短指令生成的图片。我们对照一下关键词，基本完美还原了想要的元素，画风也很不错，可以直接使用。

图 1-19　生成结果

最后是一些基础的设定，比如怎么打光、怎么摄影、怎么增加质感，我们可以继续添加关键词。在追加详细关键词后，AI 会不断地尽力满足创作者的需求，生成符合要求的图片。

1.3.2　黏土盲盒玩具风格

参数选择：玩具摆件，C4D，卡通可爱小女孩，发髻，流苏，素雅汉服，精致细节，国潮，国风，可爱，萌，虹膜增强，全身，泡泡马特风格，黏土材质，模型，盲盒玩具，光滑细腻，干净的背景，3D渲染，极致细节，8K，极致清晰，高度锐化，光线追踪，粒子特效，摄影室灯光，伦勃朗效应，高清画质，细节刻画，全图最高清色彩对比度，细腻，复杂细节，虚幻的引擎，斑驳的光影。效果如图 1-20 所示。

图 1-20　黏土盲盒效果

1.3.3　泡泡玛特风格

参数选择：可爱的男孩 / 女孩（形容词在前）、太极（非遗）、白色（整体色彩基调）、3D 渲染、黏土感、干净背景、泡泡玛特风格、精致感。效果如图 1-21 所示。

图1-21　泡泡玛特风格

1.3.4　漫画城市风格

关键词：漫画，古城，文化底蕴，城市魅力。

画面类型：智能推荐。

比例：1 : 1。

灵感模式：关闭。

效果如图1-22所示。

图 1-22　漫画城市风格

1.3.5　AI 绘画模拟摄影风格

如何用 AI 绘画模拟摄影风格照片？

整理足够清晰、详细的关键词。基本信息描述（某个人群、性别），如"下班后年轻男人疲惫的表情"；时间地点描述如"20 世纪 90 年代，城市过客，街景"。摄影风格描述如"港风照片，50mm 镜头，半身"。关键词输入完毕，等待图片生成。生成结果如图 1-23 所示。

图 1-23　摄影风格

1.3.6　以图生图

　　"以图生图"就是在"上传参考图"中上传自己选择的参考图片，再进行修饰词的描述，艺术风格的选择，以及填写不希望出现的内容，从而实现图片的二次创作。这种模式可以为用户提供更多的灵感和想象空间，让 AI 绘画更加个性化。接下来我们学习如何通过上传自己选择的参考图片生成艺术风格图片。

首先进入"AI创作"界面，选择"自定义"，填写关键词，选择AI画师，上传我们准备好的参考图，需要注意的是，可以通过调整影响比重的数值来改变参考图的影响，数值越大，参考图对新生图片的影响越大，我们以比重6为例，如图1-24所示。点击后生成的结果如图1-25所示。

图1-24　上传参考图

图1-25　生成结果

1.3.7　生成电脑壁纸

进入"AI创作—自定义"，输入想要的风格关键词，也可以添加系统智能提供的关键词，文字内容描述得越清晰，图片生成越精准。项目栏中可以选择竖图（9：16）做手机壁纸，方图（1：1）做头像，横图（16：9）做电脑壁纸。我们以生成一张16：9的横图为例，画面效果如图 1-26 所示。除了基础用法，也可以自定义，可以选择画师、画面风格、修饰词、艺术家等，许多形式都可以自定义。

图 1-26　画面效果

1.3.8　更换图片风格

如果默认生成的图片是偏写实风格的，但是想把它转变为偏卡通风格的，应该怎么做呢？我们可以通过修改出图设置来完成。例如现在的描述是"25 岁的中国男模特，鲜花效果"，生成结果如图 1-27 所示。

如想生成卡通风格图片的话，我们可以把"选择 AI 画师"一栏由"具象"修改为"二次元"风格，"修饰词"一栏选择"Q 版人像"，或是上传参考图辅助生成。在各选项设定为卡通风格后，设置一下生成图片的数量，并对宽高比进行调整，在左下方点击立即生

图 1-27　偏写实风格

成，观看一下新的图片生成效果，如图 1-28 所示。

图 1-28　卡通风格

1.3.9　AI 绘画万能出图架构

　　AI 绘画的关键词要尽量简洁，最主要的就是想清楚自己想要的图片包含什么。我们可以通过万能句式结构，通过换关键词，得到自己想要的图片。

　　结构：主题 + 媒介 + 背景 + 灯光 + 颜色 + 色彩 + 气氛 + 视角 + 镜头 + 构图 + 艺术风格。

　　主题：人、动物、人物、物体等。

　　媒介：照片、绘画、插图、雕塑、涂鸦等。

　　背景：森林、街景、宇宙、水下、天空之城等。

　　灯光：暖光、强光、舞台灯光、自然灯光、黄昏射线等。

　　颜色：蓝色、绿色、青色、金色、浅色等。

　　色彩：柔和、明亮、单色、彩色、黑白等。

　　气氛：雾蒙蒙、恐怖、风暴席卷、喧闹、平静等。

　　视角：侧视图、仰视、鸟瞰图、全身照、仰视等。

　　镜头：全景、单反、长焦、广角、卫星图像等。

AI 绘画常见问题解答

1.4.1 AI 没有理解关键词的意思，怎么办？

如果发现 AI 绘画的结果和我们想要的有很大偏差，通常有以下两种原因。

第一种原因是我们使用了对 AI 而言比较困难的文字描述方式。虽然我们希望 AI 真正做到"学贯东西，通晓古今"，但实际上 AI 处于持续学习和提高的过程中，因此我们要用比较简单、明确的方式描述绘画需求。

第二种原因是目前 AI 还不能很好地刻画我们指定的部分内容。如果我们心目中的形象并非热门作品的人、物、景等，那么 AI 可能并不完全清楚这个形象应该是什么样子的，会出现刻画不符合预期的问题。这时我们可以转换思路，与其让 AI 从自己的知识储备中寻找合适的形象，不如自己描述心目中的形象。

1.4.2 对画作结果不满意，怎么办？

首先，我们需要明白，AI 绘画目前还有很大的提升空间，其中一个重要的维度是"优质率"，也就是说，虽然大多数情况下 AI 生成的图片都是不错的，但不是每次都能生成令人惊艳的佳作。换句话说，生成几次之后都没有得到理想的结果也是很可能出现的情况。如果遇到这种情况，建议按照以下步骤尝试。

（1）检查关键词是否有笔误等情况。

（2）绘画内容是否包含 AI 容易刻画失败的元素，例如人类的手指、多个实体、需要指定颜色和数量等，这些对 AI 有些难度的要求，会降低图片的优质率。

（3）检查是否输入了存在互相冲突的描述词，虽然这种冲突可能会带来意想不到的好结果，但也可能降低图片的优质率。

（4）"文章本天成，妙手偶得之"，可以尝试使用同样的关键词多生成几次。

（5）通过检索功能，从别人的关键词和结果中寻找灵感。

总之，多一些耐心和好奇心，与 AI 绘画一起探索艺术的可能性吧。

第 2 章　AI 绘画趣味实操

2.1 关键词精准选择

2.1.1 什么是关键词

对我们来说，关键词就是对某个物、某件事的简单描述，可以是词、短语或一小段话。

对搜索引擎来说，关键词就是被收录到服务器中，可以被搜索到的词、短语或一小段话。

对 AI 绘画软件来说，关键词的作用就是我们与 AI 绘画软件进行对话与交互，我们告诉它一段话、一个短语或一个词，它用图画的方式把告诉它的结果反馈回来。但是 AI 绘画软件始终只是人造系统，虽然具备一定的智能，但也只是低级智能而已。它不具备任何想象力，对于输入的句子和短语，需要通过大量的搜索来实现，尽量找到符合句子和短语的画面后将其糅合在一起，再呈现出来。所以要尽量用简单、直白的词汇、短句，告诉 AI 绘画软件，我们要画什么，或者要怎么画。由此可见，关键词直接影响图片生成的效果。那么，描述关键词需要遵循什么逻辑呢？

2.1.2 关键词逻辑

使用所有 AI 绘画软件都需遵循以下的三要素逻辑。

主体：是什么。

描述词：做什么，怎么样。

风格：怎么画。

实例：输入"少女，可爱，棕色，写实风格，赛博朋克服装，尖刺的头发，长长的尾巴"，生成结果如图 2-1 所示。

图 2-1　生成结果

提取出的关键词三要素如下。

主体——少女。

描述词——可爱，棕色，尖刺的头发，长长的尾巴。

风格——写实风格，赛博朋克服装。

这是比较简单的一组描述语，AI绘出来的图与我们实际想要的图可能相差甚远，所以需要更详细的描述语去完善这段关键词。

总结：你要画一个什么东西，这个东西是什么样子的，然后要用什么样的笔法去画。

2.1.3 关键词类型

下面对关键词类型进行了汇总，我们可以参考并通过实例观看生成效果。

主体关键词：服装配饰，情绪（暗黑的、开心的、强烈对比的、破碎的），行为动作，物品道具。

场景关键词：节日，环境，氛围，天气，气泡，草原，高原，沙漠，山上，山谷，山顶，海滩，海边，日落，大海，草地，夏威夷，罗马街道，宫廷，在街上，灯塔，温泉，酒吧，教堂建筑，星巴克，舞台，圣诞节，森林，咖啡厅，教室，户外公园，城市，餐厅，商店。

画面风格关键词：东方山水画，素描，水彩，油画，插画，水墨画，日本漫画，泡泡玛特，皮克斯，新海诚，迪士尼，黑白电影，抽象风，蒸汽朋克，原画，涂鸦，洛丽塔，工业风格，雕刻艺术风，哥特式，科幻，法国艺术，游戏风格，3D卡通，手绘，宫崎骏风格，超现实风格，赛博朋克，后印象主义，废土风格，数字雕刻风格，建筑设计风格，海报风格，浮世绘，日本海报风格，90年代电视游戏，包豪斯，像素画，古典风，乡村风格，RISO印刷风，墨水渲染民族艺术，复古暗黑，国风，电影，摄影风格，概念艺术，写实主义，巴洛克时期，印象派，新艺术风格，野兽派，立体派，抽象表现主义，光效应艺术，维多利亚时代，未来主义，极简主义，粗犷主义，建构主义，绗缝艺术，彩墨纸本。

身材体型关键词：沙漏身材，梨形身材，运动员体型，高挑，苗条，娇小玲珑，曲线美，肌肉美，线条分明，宽肩膀，细腰，长腿，比例协调，丰满，瘦柳条，雄伟高大，柔软轻盈，结实紧凑，优雅迷人，高雅。

氛围感关键词：梦幻，雾气，明暗分明，忧郁的黑暗，鲜艳的色彩，高强度对比，平静宁谧，明亮的，亮点闪烁的，星星柔和的，烛光暖色调的，自然光线，迷幻森林，轻纱薄雾，温暖的光辉，忧郁的氛围，柔和的月光，微光，黄昏，射线，外太空，电影灯光，戏剧灯光，双性照明，纯净背景，全局照明，霓虹灯，残酷的，破碎的，强烈对比的，强光层次，光渲染效果，阴影效果，反射投影，浪漫烛光，电光闪烁，雾气朦胧，强光逆光，闪光灯光，冷光，暖光，伦勃朗光，情调光，气氛照明，体积照明，情绪照明，荧光灯，柔软的光线，立体光，影棚光，侧光，边缘光，硬光，明亮的光线，顶光，轮廓光，太阳光，黄金时段光。

色彩关键词：糖果色系，粉色，珊瑚色系，紫色，紫罗兰色系，白色，浅蓝色系，黑色，酒红色系，灰色，土耳其蓝色系，棕色，薄荷绿色系，金色，日暮色系，银色，柔粉色系，枫叶红色系，米色，波普艺术，奶油色，巨无霸色系，天蓝色，霓虹色调，莫兰迪色系，马卡龙色，金属色系，水晶蓝色系，鲜果色系，黑白灰色系，星闪温暖棕色，玫瑰金色，高对比度色调，电影色调，冷白色调，低对比度色调，黑白色调，大胆明亮，原色，奇幻色调，复古色调，互补色，哥特式色调，亮度类似色，红色，金银色调，荧光乡村色调，蓝色梦幻色调，圣光三色调，绿色浪漫色调，黄色，戏剧性色调，流行艺术色调，暖白色，橙色。

绘画手法关键词：拍摄镜头，特效，渲染器，画面构图。

选择好关键词是非常关键的一步。下面是几个帮助我们选择关键词的建议。

1. 选择特定的动作或表情

在 AI 系统中选择特定动作或者表情有助于生成一张优秀的 AI 绘画作品。例如，如果想要画一个人在笑，可以输入"女孩微笑"或者"男孩开心"，然后点击生成。这样，就可以得到一个非常逼真的画作，生成结果如图 2-2、2-3 所示。

图 2-2　女孩微笑　　　　　　　　　　图 2-3　男孩开心

2. 选择特定的场景或环境

选择特定的场景或环境是生成一张优秀 AI 绘画作品的重要步骤。

如果想要画一个少年在湖边观望风景，可以输入"湖水""凉亭"等关键词来帮助生成作品，如图 2-4 所示。这样，就可以保证作品有一个清晰的主题，生成方向不会偏离，生成结果如图 2-5 所示。

图 2-4   关键词描述

图 2-5   生成结果

3. 选择特定的画风或者风格

AI 绘画软件不仅可以在生成画作时自动加入特定的颜色和风格，还会通过关键字来判断画作的风格。所以，在输入关键字的时候，我们可以从许多不同类型的画风中进行选择，例如"印象主义""卡通""赛博朋克""黑白"等。

总之，在选择关键词时，要考虑到想要生成的画作风格和主题，同时要让关键词尽可能精确和简单，以保证最终的画作质量和美观程度。

動漫角色设计

AI 正逐渐应用于许多领域，其中包括创意艺术方面。在动漫行业中，AI 已经被成功应用于绘画，使得人们可以通过 AI 生成的算法创作出精美的动漫人物角色。无论是使用国外的 Midjourney 还是国内的文心一格，都需要不断地训练。

传统 AI 主要采用符号推理、专家系统等技术，其主要特点是基于人工规则和知识库进行推理和决策，能够处理逻辑性和规则性问题，但在处理复杂的和模糊的问题上存在一定的局限性。文心一格 AI 绘画，主要采用深度学习、神经网络、模糊逻辑等技术，其主要特点是通过多层次的神经元网络进行特征提取和模式识别，能够处理非线性和高维度数据。

AI 在绘制二次元人物时利用计算机图形学和深度学习技术，能创作出逼真的动漫人物形象。AI 通过对大量真实人物图像和动漫角色图像进行深度学习分析，可以学习并模仿绘画的技巧、风格和特点。AI 可以快速生成大量高质量的动漫角色绘画作品，既为动漫创作者提供宝贵的创作灵感，也大大提高了创作效率。本节将介绍使用 AI 生成二次元及多风格动漫角色绘画作品的技巧。

2.2.1　AI 绘画设计动漫角色的优势

高效率：AI 绘画可以在短时间内设计出大量的动漫角色，满足用户的需求。

低成本：AI 绘画设计动漫角色的成本相对较低，可以提高生产效率。

独特创意：AI 绘画可以根据用户的需求，设计出独特的动漫角色，为用户带来全新的视觉体验。

AI 绘画设计动漫角色在动漫行业中具有巨大的潜力和应用前景，正逐渐改变传统绘画的方式和流程。无论是专业画手还是动漫爱好者，在当今趋势下，了解和掌握 AI 绘画设计动漫角色的技术都是一种有益的自我投资和发展方向。

2.2.2　AI 绘画生成人物的关键词参考

美丽，英俊，温柔，时尚，酷劲十足，外向，内向，甜美，坚毅，魅力十足，神秘，成熟，稳重，古典，现代，优雅，潇洒，洒脱，帅气，美艳，美好，高贵，普通，气质，性感，武士，毛笔，油画，水彩，素描，人物肖像，动态，静态，忧郁，寂寞，喜悦，充满活力，热情，冷静，安静，勇气，自信，温柔体贴，善良，无畏，独立，活泼，沉着，智慧，热血，安详，甜美，可爱，热烈，亲密，捕捉瞬间，看透心灵，心灵手巧，活灵活现，逼真写实，特立独行，具有感染力，狂放，自由，个性鲜明，活力四射，神经质，细节入微，内敛，明快大方，熟练，才气逼人，华丽精致，神秘莫测，准确无误，波澜壮阔，独具特色，使人陶醉，容易失去，叫人难忘，温暖阳光，处事果断，人人称羡，背景清晰，细节斟酌，陌生人，浪漫，情怀，灵动，美感，夸张表达，深入人心，带有幽默感，充满激情。

2.2.3 生成动漫角色

第一步：写文字描述

首先，输入要画的内容的关键词。需要尽量详细地描述要画的主题，例如人物的性格、服饰、背景等，如图 2-6 所示。

图 2-6　关键词描述

第二步：修饰描述词

让文字描述更加精准。我们可以根据自己的描述选择相应的修饰，让 AI 出图更加准确，因为我们要生成人物角色，就需要对人物描述更加细致，比如不希望人物过暗的话，我们可以在"修饰词"一栏选择"精细刻画""明亮"，如图 2-7 所示。

图 2-7　填写修饰词

第三步：填写不希望出现的内容

AI 绘画在生成过程中可能会出现多余的元素，我们可以在最下

方一栏，填入我们不希望画
面中出现的内容，以获得最
佳效果，我们可以选择"画
面粗糙""五官变形"，如

图 2-8　填写不希望出现的内容

图 2-8 所示。最后生成结果如图 2-9 所示。

图 2-9　生成结果

第四步：选择画风、尺寸

选择绘画的画风和尺寸，可以选择自己喜欢的画风。

第五步：上传参考图

上传参考图可以更好地指导 AI 进行绘画。如果没有，也不用担心，AI 会根据我们的描述进行创意绘画。

第六步：选择数量后即可生成动漫角色

2.2.4 通过调整细节来控制角色一致性

AI 绘画软件生成图像的算法是根据数据集和模式训练的，所以控制角色一致性非常具有挑战。以下是控制角色一致性的一些技巧。

技巧 1：在关键词中使用著名演员的名字

如果将角色命名为著名演员，那么就是在引用 AI 系统上关于某个特定人物的数据。AI 系统倾向于从相同的提示中创建非常相似的图像。有时候，与名人的相似之处可能太明显，容易引发肖像权纠纷，所以还需要丢弃与他们太相似的图片。

技巧 2：创建一个具有名字和属性的原创角色

我们可以给角色起一个名字，如"可爱女孩"，并尝试添加诸如头发颜色、国籍等细节词汇，如图 2-10 所示。这样，即使没有引用某个著名演员，也是在具体描述某一个人，并添加了诸多细节，这样 AI 系统将反馈给我们更精确的图像，生成结果如图 2-11 所示。

可爱女孩，中国，黑色头发

12 / 200 清空

图 2-10 关键词描述

图 2-11　生成结果

技巧 3：不断调整关键词内容，并添加属性

如果 AI 系统给我们的结果与我们所期望的不同，可以通过以下方式进行调整。

（1）添加更多的细节指令，例如情绪、背景等。

（2）改变句子的结构，使它更清晰明了。

（3）添加与我们想要的结果相关的关键词，尝试不同的艺术风格。

通过这些调整，我们可以更容易地创建出一致性更强的角色。

技巧4：使用特定的艺术风格

艺术风格对于AI创造一致性的角色来说非常重要，我们可以选择自己喜欢的风格，并在不同的情况下通过它来创建一致的角色。

2.2.5 动漫角色描述语参考

描述语1：可爱的美人鱼在演奏竖琴，完整的身体，微笑，小美人鱼的侧面视图，游戏风格美术，最佳照明，明暗对比。生成结果如图2-12所示。

图2-12　生成结果

描述语 2：捕捉瞬间，低视角，赛博朋克风格的酒吧，一个绿发女歌手穿着绿色外套，坐在吧台凳上，漂亮的脸蛋，大胆的人物设计，朋克，人物设计，虚幻引擎，3D 建模，金属，人物设计，细节人物设计。生成结果如图 2-13 所示。

图 2-13　生成结果

描述语 3：超萌人物，正面，半身，柔和的粉彩色，宽松的裤子，戴着耳机，干净明亮的背景，3D，超细节，一个酷酷的女孩穿着运动服饰，蓝色的衣服，衣服上有很多点缀，站在现实的地面上，时代感，科技感，柔和，最高质量，柔和的阴影，柔和光线，梦幻的颜色，C4D。生成结果如图2-14所示。

图2-14　生成结果

　　描述语4（实操案例）：篮球男孩，上身运动服，蓬松的头发，精致的五官，篮球场，拍摄，短裤，橙色系列，干净的背景，动漫，超高清，画质最佳。

　　描述语5：全身人物，服装设计，粗轮廓，粗绘画，少女，16岁，黑头发，猫耳，现代时尚，朋克设计感，白色外套，黑白紫色配色，动漫，精致的构图，高度细致。生成结果如图 2-15 所示。

图 2-15　生成结果

描述语 6：女孩，中学生，校服，完美容颜，优雅，高质量，细腻，8K 画质，人物居中，身材完美，细节完美，照片风格，大眼睛，皮肤白皙，半身写真，微笑，完美五官比例，可爱，身材姣好，五官精致，高清，精密。生成结果如图 2-16 所示。

图 2-16　生成结果

　　描述语7：真人，女生，完美容颜，白皙皮肤，清纯，武侠风格，汉服，身材姣好，高清，细节完美，飘逸，棕黑色头发，七彩羽衣，全身，冷酷，大广角镜头，镜头85定焦，专业摄影，辛烷渲染，佳能相机。生成结果如图 2-17 所示。

图 2-17　生成结果

　　描述语 8：女生，盛夏夜晚的海底，静谧辽阔，特写，游来游去，梦幻色彩，海底流光溢彩的全息色，许多气泡伴随女生，表情忧郁，盛夏时节的舒适感，创意构图。生成结果如图 2-18 所示。

图 2-18　生成结果

　　描述语9：女生，轮廓光线，微笑，瓜子脸，大眼睛，优雅，半身，背带裤，黑色上衣，精致细节，高清。生成结果如图2-19所示。

图 2-19　生成结果

2.2.6　角色生成实操

首先进入文心一格的操作界面，点击"开始创作"，选择高级自定义模式，在输入框中输入最核心的描绘内容，即主体物。我们以"篮球男孩"为例，在该关键词后面添加人物细节、动作神态等描述语，如"上身运动服，蓬松的头发，精致的五官，篮球场，拍摄，短裤，橙色系列，干净的背景"，如图 2-20 所示。

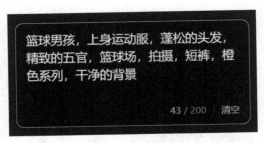

图 2-20 关键词描述

接下来在"AI画师"一栏，我们选择"二次元"。然后指定画面风格，这里我们选择"动漫"，如图 2-21 所示。

图 2-21 选择画面风格

在确定好画面内容和风格后，接下来需要根据我们的预想，利用修饰词进一步优化细节，以获得更精准的画作效果。在"修饰词"一栏输入"超高清，画质最佳"，如图 2-22 所示。

图 2-22 填写修饰词

在尺寸的选择上，我们选择想要的规格、大小，本次操作以1：1为例，最后选择生成的张数，生成结果如图 2-23 所示。

图 2-23　生成结果

　　总结：虽然 AI 绘画软件可以帮助我们更高效地绘制漫画人物，但在使用过程中，还是需要注意以下三点。

　　一是角色设计。在开始绘制之前，需要对角色进行充分的设计和规划，包括外貌、性格、衣着、姿态等方面，以确保绘制出的漫画角色具有独特性和真实性。

　　二是细节处理。绘画过程中，需要注意角色细节的处理，包括服装纹理、肌肉线条、眼睛表情等方面，以确保角色形象的丰富性和细腻性。

　　三是色彩搭配。在进行色彩填充时，需要注意色彩的搭配和配比，以确保角色形象的协调和和谐度。

2.3 贴纸设计

2.3.1 贴纸的生成

贴纸设计，是设计师和插画师的工作之一。贴纸设计与包装设计有相似之处，二者都是平面设计的一部分，其关键环节的不同在于，贴纸设计师与印刷及产品生产环节的紧密性更强。贴纸设计在独立设计师群体中很受欢迎，甚至有些"咕卡"爱好者主动参与到绘制之中，负责全链路生产对接。贴纸设计没有那么高的成本，产品落地也并不需要很高的人力成本，仅需要熟悉生产流程，了解纸张类型、印刷尺寸、覆膜工艺及模切包装等。对于不从事这一行业的小白来说，AI绘画的出现，极大满足了他们的创作需求。

AI绘画风格贴纸是一种利用人工智能技术来进行绘画和贴图的方法。通过训练深度学习模型，使其能够自动生成艺术品般的绘画效果，并将其应用到图像上。这种技术可以帮助艺术家和设计师快速生成各种风格的贴纸，提高创作效率。

AI绘画风格贴纸在艺术创作、设计和娱乐等领域有着广泛的应用。设计师可以使用AI绘画软件快速生成各种风格的贴纸，用于美化、装饰等方面。

AI绘画风格贴纸是利用人工智能技术进行绘画后，快速生成的各种风格的贴纸作品。虽然存在一些不足，但随着 AI 绘画技术的不断发展，AI 绘画风格贴纸将会生成更多类型，供创作者使用。

AI 绘画风格贴纸的优点包括以下几点。

快速生成：利用 AI 技术可以快速生成各种风格的贴纸效果，提高创作效率。

多样性：AI 绘画软件可以学习多种绘画风格和特征，使得生成的贴纸更加多样化。

创新性：AI 绘画软件风格贴纸有助于艺术家和设计师创造出新颖的艺术作品和设计方案。

2.3.2　贴纸风格类型

手账贴纸

手账贴纸的核心关键词是"Knolling"。Knolling 是一种整理物件的方法，它的意思是把喜欢的东西按照一定规则摆放好后为其来一张"定妆照"。我们将摆放的东西变成贴纸中的元素时，就将它们就变成了手账风格贴纸。

霓虹灯 & 卡通风贴纸

近来，有两种非常热门的贴纸风格：有个性的激光渐变霓虹灯风格和抽象卡通风格。大多数数字贴纸都被制作成类似于物理贴纸，周围有典型的边界线来指示切割，或者像圆形或圆角矩形等规则的形状。

汽车贴纸

汽车贴纸以模仿赛场上出现过的赛车图案居多，汽车贴纸的图案简洁动感，利用简单的贴纸就可以为自己的爱车营造一些赛车的感觉，很多人都乐此不疲。艺术风格汽车贴纸常采用流线、几何图形，或者动漫人物、卡通动物，也有一些车主喜欢中国传统风格的图案，如水墨丹青、书法篆刻、图腾脸谱等图案。

2.3.3 贴纸描述语参考

描述语1：赛博朋克头盔，概念艺术，喙，艺术站，发光二极管，高细节，贴纸，高楼大厦。如图2-24所示。

图 2-24　生成结果

描述语 2（实操案例）：平面的贴纸素材，神秘太阳花纹，发光的，流线造型，对称的，规则的，涂鸦，虚幻引擎渲染。

描述语 3：可爱的，锦鲤，贴纸，插图，高品质，矢量，艺术，高细节，概念艺术，光线追踪，平滑，锐利的，焦点，空灵的，照明，数字绘画，吉卜力工作室，4K。如图 2-25 所示。

图 2-25　生成结果图

描述语 4：古建筑，湖水，山丘，手册贴纸风，"咕卡"贴纸，干净背景，中式水墨风格，线条，莫兰迪配色，超高清、马克笔风格，国画元素、细节，8K 高清，白色背景，白色环境光。如图 2-26 所示。

2-26 生成结果

描述语5：艺术贴纸，可爱的动漫人物，长发，自由，灵魂，数字插图，漫画风格，蒸汽朋克黑色，完美的解剖，集中，接近完美，动态，高度详细，水彩画，概念艺术，流畅，焦点，白色背景。如图2-27所示。

描述语6：小女孩，南瓜篮子，棒棒糖，草莓，爱丽丝梦游仙境，扑克牌，水瓶，阔腿裤，可爱的脸，雀斑，精致五官，手册贴纸，平面插画，干净的背景，线条，动画风格，全身，精细笔触，细节，高清，白色背景。如图2-28所示。

图 2-27　生成结果

2-28　生成结果

描述语 7：魔法药水，金边，魔法帽，蓝紫色渐变，扫帚，烛台，青蛙，魔法火焰，烟囱，霍格沃茨，羊皮纸，魔杖，咒语，可爱的小女巫，紫色，小女孩，可爱的脸，彼得兔风格，手册，日本贴纸，平面插图，干净的背景，贴纸轮廓，线条草稿，多个配件，动画风格，全身，精细笔触，拆装图，拆装设计，细节，8K 高清，工业设计，白色背景，白色环境光。如图 2-29 所示。

图 2-29 生成结果

2.3.4　AI 贴纸生成实操

　　进入文心一格的首页，点击"AI 创作"，选择"自定义"模式，在"写下你的创意"中输入最核心的描绘内容，即主体物——"平面的贴纸素材"，并在该关键词后面添加更多细节描述语，如"神秘太阳花纹，发光的，流线造型，对称的，规则的"，如图 2-30 所示。

　　接下来在"AI 画师"一栏选择"创艺"。然后指定"画面风格"，这里我们选择"涂鸦"风格，如图 2-31 所示。

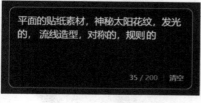

图 2-30　关键词描述

图 2-31　选择画面风格

　　在确定好画面内容和风格后，接下来需要根据我们的预想，利用修饰词进一步优化画面细节，以获得更精准的画作效果，这里我们输入"虚幻引擎渲染"，如图 2-32 所示。

图 2-32　输入修饰词

　　在尺寸的选择上，我们选择想要的规格、大小，本次操作以 1：1 为例，最后选择生成的张数，生成结果如图 2-33 所示。

图 2-33 生成结果

表情包制作

在移动互联网时期，人与人之间通过各种社交软件进行交流，慢慢地，表情包文化衍生、流行了起来。现在，表情包出现在互联网各种可以输入的地方。与人类发明的其他工具一样，表情包是人类自己表情的延伸。当文字符号不能满足情感表达时，表情包的作用便开始体现，当然它的作用不仅限于此。表情包在很多聊天 App 中都会被使用到，我们使用文心一格 AI 绘画软件，仅需要少量的核心关键词，即可绘制出神态各异的表情包。

2.4.1　什么是 AI 绘画表情包

AI 绘画表情包是利用人工智能技术制作的个性化表情包，通过训练好的算法，让计算机学习表情的特征和建模方法，从而能够自动化地生成各种表情图像。这种方式不仅能提高表情包制作的效率，还能让表情包更加精致、生动。

2.4.2　表情包的类型

不讨论风格，只关注视觉形式的话，静态表情包可分为 3 种类型。

1. 线条型（Line）

这种类型的表情包制作难度低，要求透底图，用 AI 生成的图需要抠图。

2. 纯色型（Solid）

纯色型表情包指的是在线条型的基础上，增加一种或多种颜色，以便丰富画面的色彩层次，增强视觉冲击力。这些颜色基本采用纯色，且形状简单。我们常见的大多数动漫表情包及宠物表情包都是这一类型。

3. 3D 立体型（3D）

采用 3D 立体的形式制作的表情包，目前来看在微信表情库中占比不大，可能是因为需要有 3D 建模渲染能力，门槛比较高。但 AI 绘画软件比较擅长这种类型。

2.4.3 表情包的特点

一致性是表情包制作的主要特点，表现在以下 3 个方面。

1. 特征一致性

多个表情中，主体形象的特征要一致，尤其是在使用 AI 绘画软件进行图像生成的时候，要用到垫图的方式（具体操作方法详见本书"3.2 AI 绘画垫图"），尽量保证表情形象的关键特征一致。

2. 色彩一致性

色彩一致性决定了整体系列表情的调性，太过复杂的色彩和多变性会让作品显得杂乱，缺乏整体性。

3. 笔触一致性

笔触是整体风格的重要组成部分，选图时一定要重视笔触的一致性，这样更能体现作品的统一和连续。

4. 构图一致性

表情的比例、大小、空间分布等这些构图要素都要注意，不要让表情主体过大或是过小，这会使整个系列看起来太过跳跃，杂乱无章。

2.4.4　热门表情包

表情包有哪些种类呢？表情包是大家以各种图片、视频及热门网络语言等内容为素材制作出的引人发笑的图片或动图，因传播速度快及趣味性强等特点，火遍社交软件，给大家的生活增添了不少乐趣。下面介绍一下表情包种类。

1. 搞笑表情包

搞笑表情包非常受广大网友们喜爱，如图 2-34 所示。

图 2-34　搞笑表情

2. 萌宠表情包

现在，越来越多的动物形象以图文的形式嵌入社交软件中，帮我们传递信息中的情感，并逐渐建构出一套有别于日常交流的情感表达体系。无论在何种网络交流情境下，萌宠表情包在情绪表达方面展现出的贴切性都堪称完美，无论是在信息量、视觉形式，还是情绪唤醒程度上，都具有文字和语言无法比拟的优势。

萌宠表情包以不同程度呈现或模仿人类的真实面部表情和动作，如图 2-35 所示。萌宠表情包涵盖的情绪种类极其多样且复杂，表现内容或夸张或含蓄，具有特别强的个性。萌宠表情包很大程度地丰富了网络交流环境，为使用者带来顺畅自然的代入感，有效促进了网络沟通中的情感交流。

图 2-35　萌宠表情

我们常使用的动物类关键词有：柴犬、羊驼、兔子、猫咪等，通过添加详细描述语，我们可以使用 AI 绘画软件做出更多有趣的表情包。

2.4.5 表情包如何制作

表情包创作中必定需要一批神态、动作的关键词，但一下子想出那么多关键词是比较困难的，我们可以搜索神态、动态的词语，快速获得一大批关键词。关键词参考如下。

动物类关键词：小白兔、浣熊、狐狸、猫咪、狗。

神态类关键词：开心、生气、悲伤、惊讶、困惑、难过、害怕、兴奋、无聊、鄙视、疑惑、淡定、傲慢、感动、笑翻、吐槽、瞪眼、撒娇、疲惫、无奈。

动态类关键词：跳舞、打人、哭泣、大笑、点头、摇头、跑步、飞翔、吃东西、睡觉、甩头发、指点、手舞足蹈、面无表情、抓狂、疯狂打字、自拍、捂脸、挥手、扔东西。

我们使用搜索到的多个不同动作和表情的表情包核心词，就可以创作出一系列表情包。选择满意的表情，可以进行优化，在关键词中加入"白色背景"一词，这样方便后期用 Photoshop 等软件进行抠图处理。最后，结合实际情况调整即可。

2.4.6 AI 绘画表情包描述语参考

描述语 1：一只可爱的柴犬，多种造型和表情，线条画风，深白色，浅米色，姿态松散，线条简洁，漆画，质感厚实，风格可爱，表情符号作为插画集，以大胆的漫画线条风格，动感的姿势。生成结果如图 2-36 所示。

描述语 2：一只可爱的小仓鼠，灰色和白色，卡通风格，它正在吃东西，贴纸，灰色简约背景，低饱和度，有表现力，开心表情，有惹人喜爱的眼睛。生成结果如图 2-37 所示。

图 2-36　生成结果

图 2-37　生成结果

　　描述语 3：可爱的熊猫抱着竹子，可爱表情，灰绿色背景，竹叶，表情包设计，精致细节。生成结果如图 2-38 所示。

　　描述语 4：一只小猫头鹰，表情符号，可爱，大眼睛，黑色背景，精致细节，水彩风格，插画，贴纸。生成结果如图 2-39 所示。

图 2-38　生成结果

图 2-39　生成结果

2.4.7　表情包生成实操

首先进入文心一格的"AI 创作"界面，选择"自定义"，在"写下你的创意"中输入最核心的描绘内容，即主体物。我们以"小狐狸"为例，并在该词后面添加细节、动作、神态等描述语，如"可爱的，拿着棒棒糖或其他物品，多种姿势和表情，夸张的，生气的，高兴的，害怕的，俏皮的，黑色背景，表情包，九宫格布局"，如图 2-40 所示。

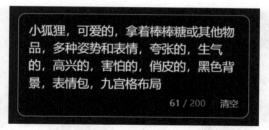

图 2-40 关键词描述

接下来我们在"选择 AI 画师"一栏，选择"二次元"。然后指定画面风格，我们选择"动漫"风格，如图 2-41 所示。

图 2-41 选择画面风格

在确定好画面内容和风格后，接下来需要根据我们的预想，利用修饰词进一步优化细节，以获得更精准的画作效果。在"修饰词"一栏我们选择"吉卜力"，如图 2-42 所示。

图 2-42 填写修饰词

尺寸方面，我们选择想要的规格、大小，表情包形状多使用正方形，故本次操作以 1 ∶ 1 为例。最后选择生成的张数，画面生成结果如图 2-43 所示。

图 2-43　生成结果

第 3 章　进阶玩法教学

3.1　插画制作

3.1.1　了解插画风格

文字表述以插画的形式呈现，更为直观清晰。插画可分为以下风格。

1. 然后扁平插画

特点：流行、常用、色彩明快、几何状、少细节、简洁大方。

扁平插画，简单来讲就是把复杂的关系简约化，让画面更加清爽整洁，也是现在比较常用的风格，很多商务工具类的 APP 会选择使用此风格的插画。

2. 肌理插画

特点：扁平插画的变种，增加了颗粒感，有质感、光影关系好。

肌理插画，顾名思义就是给插画加上肌理质感（比如杂色）和光感，本质也和扁平插画差不多，一些想体现质感的页面会用到此风格的插画。

3. 手绘插画

特点：对美术功底要求最高，应用广，展现内容丰富。

手绘插画运用得也比较广，常用于插画绘本、人物设计、Q 版头像、故事场景设计等方面。

4．渐变插画

特点：唯美、颜色明亮鲜艳、对比强烈、风格写实、大气美观。

手机的启动页面中常见到这样的插画。渐变插画的颜色一般采用相近色，风格唯美浪漫，光感较强，所以也称为"微光插画"。

5．描边插画

特点：运用形状，进行描边。

描边插画除了运用形状，还对它的外轮廓进行描边，可以很清晰地表现抽象事物。描边插画经常运用在图标上。

3.1.2　插画描述语参考

描述语 1：盛夏梦境，两个人看着星星和月亮，云，光闪耀，抽象艺术，拼贴艺术，爵士风格，明亮调色。生成结果如图 3-1 所示。

图 3-1　生成结果

描述语2：水下少女，女孩在水下游泳，创意风格，逼真，超精致的渲染风格，微笑，水中发光，紫色头发，黑色泳装，蓝色，脸部特写，夸张的透视，丁达尔效果，精致面容，看向镜头，插画风格。生成结果如图3-2所示。

图3-2　生成结果

描述语3：两只可爱的老虎，孟加拉，橙色虎斑，戴着猫耳朵棒球帽，单纯的微笑，在杂草旁边花后，卡通贴纸，吉卜力，黑色边框，胖胖的，全身，平面，卡通风格，绿色背景，插画。生成结果如图3-3所示。

图 3-3　生成结果

　　描述语 4（实操案例）：一个美丽的古风女孩，可爱风格造型，衣服颜色以橙红、蓝、绿为主色调，唐装，吉卜力风格，大气的姿态，富有想象力的创作，薄膜材质，精致的服装，精致的头饰，蓝色背景，可爱的卡通设计，8K 画质。

　　描述语 5：插画，春天明亮的绿色色调，山，云，湖水，梯田，山村，密集村落，全景构图，草，超级细节，16K 画质，平面插图，宫崎骏风格。生成结果如图 3-4 所示。

图 3-4　生成结果

3.1.3　AI 插画生成实操

　　首先进入文心一格的操作界面,点击"AI 创作",选择"自定义"模式,在"写下你的创意"中输入最核心的描绘内容,即主体物。我们以"古风女孩"为例,并在该词后面添加人物细节、动作神态等描述语,如"可爱风格造型,衣服颜色橙红、蓝、绿为主色调,唐装,富有想象力的创作,薄膜材质,精致的服装,精致的头饰,蓝色背景,可爱的卡通设计……"。如图 3-5 所示。

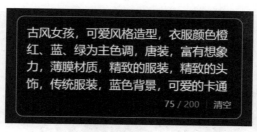

古风女孩，可爱风格造型，衣服颜色橙红、蓝、绿为主色调，唐装，富有想象力，薄膜材质，精致的服装，精致的头饰，传统服装，蓝色背景，可爱的卡通

75 / 200 清空

图 3-5 关键词描述

接下来在"选择 AI 画师"一栏，我们选择"二次元"。并指定画面风格，这里我们选择"插画""涂鸦"风格，如图 3-6 所示。

图 3-6 选择画面风格

在确定好画面内容和风格后，接下来需要根据我们的预想，利用修饰词进一步优化细节，以获得更精准的画作效果。在"修饰词"一栏选择"吉卜力""精细刻画"，如图 3-7 所示。

图 3-7 填写修饰词

在尺寸的选择上，我们选择想要的规格、大小，本次操作以 4：3为例。最后选择生成的数量，这里以 1 张为例，生成结果如图 3-8所示。

图 3-8 生成结果

3.2　**AI 绘画垫图**

3.2.1　什么是 AI 绘画垫图

　　AI 绘画垫图是一种利用人工智能技术生成绘画草图的工具。它利用深度学习算法，通过分析大量的绘画作品和图像的数据，学习并模仿艺术家的绘画风格和技巧。AI 绘画垫图可以帮助非专业绘画者快速生成草图，提供创作灵感和参考，使绘画过程更加高效和有趣。

3.2.2　如何使用 AI 绘画垫图

　　使用 AI 绘画垫图非常简单。我们可以选择喜欢的绘画风格或艺术家，并上传一张想要生成草图的参考图。AI 绘画软件会自动分析图片的特征，并根据我们选择的风格生成相应的图片，图 3-9 为文心一格中的上传参考图功能。上传参考图让我们可以在选定风格的情况下进行二次创作。需要注意的是 AI 绘画软件只能识别 JPG 和 PNG 这两个格式的图片，且图片大小在 20M 以内，其他格式是识别不了的。

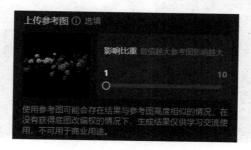

图 3-9　上传参考图

此外，我们也可以进入文心一格的操作界面，点击"实验室—人物动作识别再创作"，上传一张参考图片，就会生成一个动作相近的画作，这就是图文相结合的以图生图的功能，如图3-10所示。

图 3-10　人物动作识别再创作

另一个生图方式是混合生图，即将两张图融合成一张图。两张图片融合后，可以使图片主体及创意元素得到保留，实现二次创作。

我们首先点击文心一格首页左上角的"AI编辑"，上传我们想合成的两张图片，先上传一张拍摄好的花丛图片，再上传一张小鸟图片，也可以再添加一些描述词，这里我们输入"完美构图"，选择图画尺寸后，等待生成即可，如图3-11所示。图3-12为结合两张图后生成的图片，花朵及鸟类元素都得到了体现。

图 3-11　上传两张图片并添加关键词

图 3-12　生成结果

AI 绘画迪士尼风格创作

3.3.1　什么是迪士尼风格

在数字艺术的新时代，AI 绘画已经迅速崭露头角。作为最先进的技术之一，AI 绘画结合了艺术和科学，开启了一片全新的视觉探索领域。本节将深入介绍 AI 绘画的迪士尼风格及该风格人物头像，帮助大家轻松掌握创作技巧。

大家一定对各种迪士尼电影耳熟能详，比如《疯狂动物城》《寻梦环游记》《疯狂原始人》《超能陆战队》《冰雪奇缘》……还有很多公主和王子的童话故事。迪士尼影业制作的电影往往保持着相当高的水准，一系列流水线操作也形成了类似的人物风格，我们简单地将其称之为"迪士尼风格"。迪士尼风格的头像不仅可爱动人，更具有很强的辨识度和表现力，是新一代年轻人的时尚选择。我们通过 AI 绘画技术，可以快速捕捉迪士尼风格的元素，创造出富有生命力和情感表现力的可爱角色头像。

进行 AI 绘画时，将迪士尼风格和可爱头像的完美结合，不仅打开了艺术创作的新大门，还为个人化表达提供了更多可能。通过关键词的引导，每一位创作者都能发挥自己的创意与想象，创造出更多优秀设计作品。

3.3.2 迪士尼风格描述语参考

描述语1：迪士尼女孩，美丽的女孩，短发，粉红色的衣服，粉红色的猫耳朵发饰，治愈的微笑，大眼睛，看着观众，皮克斯风格，超级细节，黏土，边缘照明，渐变。

描述语2：帅气男孩，人像，背着书包，兜帽衣服，卡通，看向镜头，皮克斯风格，迪士尼风格，超现实主义，渐变背景，精致，辛烷渲染。生成结果如图3-13所示。

图3-13　生成结果

　　描述语 3：可爱的女孩，微笑表情，迪士尼风格，皮克斯风格，大眼睛，五官精致，丰富的细节，动画电影，长黑发，超细节，灰色背景，蓝色上衣，精细的光泽，柔和照明，动漫。生成结果如图 3-14 所示。

　　描述语 4：超级可爱的亚洲女孩，头上戴着花环，迪士尼风格，皮克斯风格，春天场景，柔和色彩，鲜花环绕，细腻的光泽，渐变背景，完美构图，柔焦。生成结果如图 3-15 所示。

图 3-14　生成结果

图 3-15 生成结果

3.3.3 迪士尼风格头像实操

　　首先点击 "AI 创作"，选择 "自定义" 模式，在 "写下你的创意" 中输入最核心的描绘内容，即主体物。我们以 "迪士尼女孩" 为例，并在该词后面添加人物细节、动作神态等描述语，如 "美丽的女孩，短发，粉红色的衣服，粉红色的猫耳朵发饰，治愈的微笑，大眼睛，看着观众。皮克斯风格，超级细节，黏土，边缘照明，渐变背景" 等，如图 3-16 所示。

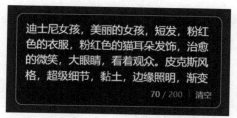

图 3-16　关键词描述

接下来在"选择 AI 画师"一栏，我们选择"具象"，如图 3-17 所示。然后指定画面风格，这里我们选择"动漫"风格，如图 3-18 所示。

图 3-17　选择 AI 画师

图 3-18　选择画面风格

在确定好画面内容和风格后，接下来需要根据我们的预想，利用修饰词进一步优化细节，以获得更精准的画作效果，在"修饰词"一栏我们输入"迪士尼""辛烷渲染"，如图 3-19 所示。

图 3-19　填写修饰词

在尺寸的选择上，我们选择想要的规格、大小，本次操作以 1：1 为例，这是头像常用尺寸。最后我们选择要生成的数量，等待生成。生成结果如图 3-20 所示。

图 3-20　生成结果

第 4 章　AI 绘画进阶教学

4.1 国潮风人物绘制

4.1.1 什么是国潮风

国潮 = 国风 + 潮流，意味着具有中国特色元素、独特文化内涵的潮流风尚。现如今，国潮插画风头正劲，中国的文化自信在国潮风格的艺术创作里展现得淋漓尽致。国潮风主要采用细线条来塑造人物的形象感，画面整体色调都采用邻近色，通过使用细腻的线条增加画面的精细度。留白处搭配金色或红色等，增加画面的现代感、时尚感、潮流感。国潮风人物形象从造型服饰的搭配，到局部五官的塑造，再到眉宇间的神态，均采用经典和现代潮流结合的艺术体现方式，因此而风靡。

4.1.2 国潮风关键词

1. 国风插画艺术家关键词

倪传婧（Victo Ngai）：香港插画师。国潮风插画的鼻祖，作品透着浓浓的中国风，常出现浪漫的国风元素、神话、民俗文化、成语典故等，同时又结合西方插画的特点，画风细腻唯美，作品有着强烈的超现实主义和浪漫气质，体现了其天马行空的想象力和创造力，每幅画都像是一个故事，既有文化底蕴又有意境。

特浓 TN：作品以新国风国潮插画为主，画风细腻灵动，勾线流畅优美，色彩丰富华丽，作品既有工笔画的严谨细致，也有扁平插画的简约利落。

阮菲菲：90 后插画师，其作品配色大胆，插画作品善于运用东方元素与西方英伦风格巧妙结合。

Kuri 久里：作品给人轻盈、干净、空灵的感觉，色彩华丽，唯美并散发神秘的气息，整个作品动态趋势非常有感染力，不仅有华感丽感，也有描绘游戏场景的氛围感，画面不会给人压抑的感觉。

六厘（SijaHong）：其画风细腻丰富又恢宏大气，充满了神秘感和想象力。她将东方特有的韵味与国际化元素相融合，色彩搭配绚烂迷人，画面丰富多彩，融入了不同画风、不同画种，风格独特，令人过目不忘。

2. 画面类型描述词

国潮插画：中国元素和潮流元素相结合，具有高度的装饰性和表现力。风格：装饰性和表现力强。

中国水墨画：中国传统绘画的一种，纯用水墨而不着色彩，具有浓郁的中国特色。风格：色彩淡雅、笔触灵活、意境深远、写意强烈。

中国工笔画：中国传统绘画的一种，以细腻、精细的笔触以固有色为主，描绘形象，色彩鲜亮。风格：细腻、精细、色彩鲜明。

敦煌壁画：中国敦煌石窟中的壁画，以佛像画、经变画、人像画、装饰画为主，具有独特的风格和艺术价值。风格：以简练的笔墨塑造个性鲜明的形象，概括力高，表现力强。

汉唐之仪国风：呈现中国汉唐时期的礼仪文化，包含婚丧嫁娶等各种场合的礼仪规范，具有浓郁的历史文化气息。风格：着重呈现礼仪文化、历史文化气息。

3. 艺术风格描述词

中国龙艺术：中国传统文化中的艺术形式，以龙为主题，具有神秘、吉祥的象征意义，常出现在绘画、雕塑、工艺品等各种艺术形式中。风格：以龙为主题、神秘、吉祥。

水墨镜头：一种摄影创作手法，将中国水墨绘画的特点融入摄影中，营造出具有中国文化气息的画面效果。风格：水墨画、中国文化。

写实唯美：中国传统绘画风格的一种。风格：注重描绘对象的真实形态和美。

4. 国风景色描述词

武陵源风景名胜区、武夷山、莫高窟、宏村古村落、黄果树瀑布、三亚海滩、泰山、壶口瀑布、元阳梯田、龙门石窟、婺源古村落、峨眉山、青城山、黄冈山。

5. 朝代风格描述词

夏朝、商朝、周朝、秦朝、汉朝、三国、晋朝、南北朝、隋朝、唐朝、五代十国、宋朝、元朝、明朝、清朝。

6. 神话故事描述词

女娲补天、盘古开天地、大禹治水、嫦娥奔月、后羿射日、周公摘星、瑶姬散花、神农尝百草、蚩尤战黄帝、夸父追日、姜子牙斩蛇、青龙、白虎、朱雀、玄武、伏羲。

7. 民族乐器描述词

琵琶、吉琴、二胡、古筝、笛子、笙、扬琴、箫、葫芦丝、编钟、箜篌、中阮、管、月琴。

8. 古风服饰描述词

披风、腰裙、鱼袋、玄冠、紧身衣、花衫、曳裾、裙子、罗裙、金缕衣、褶裙、束腰。

9. 其他国潮风关键词

汉服、旗袍、龙、麒麟、中国灯笼、功夫咏春、武侠、昆曲、笛子、麻将、玉、景泰蓝瓷器、绣品、园林、亭子、寺庙、故宫、颐和园、牡丹、梅花、荷花、皮影戏、篆刻、中国扇子、二胡、古筝、琵琶、中国戏曲脸谱、苏绣、杭州丝绸、中国油纸伞、苗族银饰、年画、生肖红包、国画、长城、梯田、古镇、青花瓷、荔枝木雕、四合院、塔、灯谜、中国古琴、宣纸、竹子、书法、绘画、兵马俑、龙舟、中国茶道、月饼、京剧、太极拳、丝绸、剪纸、北京烤鸭、元宵节、中国结、中秋节、春节、舞龙舞狮、阴阳风水、中国象棋、武术、中医、中国古建筑、端午节。

4.1.3 国潮风描述语参考

描述语1：一个中国女孩，正在舞蹈，卡通，中国唐代服装，可爱，美丽，蓝色为主色调，明亮颜色，全身视图，线条笔触，精致特征。生成结果如图 4-1 所示。

图 4-1　生成结果

　　描述语2：一个超级可爱的中国女孩，仙女，穿着汉服，背景是一只巨大的中国龙，国潮风格，古建筑，桃花，蓝色背景，飘逸的长发，光泽，丝绸，温文尔雅的表情和动作，明亮的光线，黏土材质，衣服上有纹样，全身，3D，超细节。生成结果如图4-2所示。

图 4-2　生成结果

　　描述语 3（实操案例）：中国古代男性，半身，花，精致五官，古代发饰，灰色背景，白色烟雾。

　　描述语 4：宫殿，异域风格，夜景，飞龙，艺术与建筑风格，游戏美术，插画风格，金粉色调，建筑细节，动物精致描绘，金光。生成结果如图 4-3 所示。

图 4-3　生成结果

　　描述语5：一个美丽的女子，身着中国传统汉服，中国山水剪影，古代发饰，淡绿色和红色搭配，柔和的线条和形状，极简主义。生成结果如图4-4所示。

图 4-4　生成结果

　　描述语 6：少女，忧郁，华美头饰，大气精致面容，皮肤白皙，黑色长发，古装发型，古朴发簪，长裙飘飘，书法背景，唯美风，国潮，梦幻修饰，柔和的色彩，虚幻引擎，8K 分辨率，复杂的细节，绝美，完成度高，笔触背景，大师作品，超详细。生成结果如图 4-5 所示。

图 4-5 生成结果

描述语 7：国风，清纯温婉仙女，盛世容颜，可爱精致干净面容，黑色长发，体型苗条，优雅，身着中式服装，桃花，大眼，忧郁，精美，半身，白色如玉肌肤，唯美风，梦幻修饰，柔和色彩，虚幻引擎，自然光，光影，细节，高质量，电影打光，轮廓光线，飘逸，极致，完成度高，高品质，精美 CG，8K 分辨率。生成结果如图 4-6 所示。

图 4-6　生成结果

4.1.4　AI 绘画国潮风实操

　　首先点击"AI 创作"，选择"自定义"模式，在输入框中确定最核心的描绘内容，即主体物，我们以"中国古代男性"为例，并在该词后面添加更多细节描述，如"半身，花，精致五官，古代发饰，灰色背景，白色烟雾"，如图 4-7 所示。

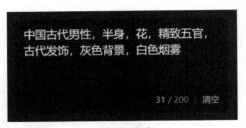

图 4-7　关键词描述

接下来在"选择 AI 画师"一栏，我们选择"创艺"。并指定画面风格，这里我们选择"水粉画""插画"风格，如图 4-8 所示。

图 4-8　选择画面风格

在确定好画面内容和风格后，接下来进一步调整画面细节。我们可以利用修饰词进一步优化细节，以获得更精准的画作效果，在"修饰词"一栏我们选择"精细刻画"，如图 4-9 所示。

图 4-9　填写修饰词

在尺寸的选择上，根据我们对图片的要求来调整规格、大小，本次操作以 1：1 为例。最后选择生成的张数，生成结果如图 4-10 所示。

图 4-10　生成结果

4.2　赛博朋克风格画作的绘制

4.2.1　了解赛博朋克风格

赛博朋克风格起于偶然，源于一部名叫《银翼杀手》的电影，当时还没有诞生 CG 技术，所有的场景都是靠手工搭建而成。但过亮的灯光会使模型表面的瑕疵全部暴露出来，无法表达出电影氛围，因此使用了比较昏暗的灯光，以便把大量瑕疵隐藏起来。为了体现电影中呈现的未来感，就在城市场景中使用各种霓虹灯元素，多以阴雨天气突出阴暗场景。就这样的偶然巧合，创造出赛博朋克的视觉艺术风格。

赛博朋克风格的关键词：控制论，外骨骼，网络，未来高科技，义肢，脑后插管，FUL 全息投影，反英雄，黑客，生存，人工智能，虚拟现实，贫民窟，红蓝色调，雨天，暗场景。

每个时代都有自己构想的未来，在 20 世纪 80 年代，网络技术和黑客技术在当时是属于绝对的高科技。如今身处 21 世纪的我们想象的未来是虚拟现实、量子技术、全自动工业、AI、全息投影……

人类的高科技对环境产生巨大破坏，人们用霓虹灯这类人造光来充当光源，表现出未来人类世界的繁华场景——这是 80 年代人们的构想。如今 AR 技术开始慢慢成熟，一些科幻电影用全息投影技术来制作光影场景、效果等，比霓虹灯更出彩，更能表现出未来科技感。

4.2.2　赛博朋克风格描述语参考

描述语 1：年轻的女生，霓虹灯色彩，赛博朋克，未来派，白色背心，惊艳，高度细节，数字绘画，光滑，马尾侧梳，插图，4K 数字艺术。生成结果如图 4-11 所示。

图 4-11　生成结果

描述语2：女孩，肖像美丽，霓虹灯色彩，赛博朋克，未来式，反光蓬松外套，完美的脸，精致的细节，逼真的阴影，精致的五官。生成结果如图4-12所示。

图4-12 生成结果

描述语3：未来风格，赛博朋克，人，背影，超大型超逼真的数字概念艺术，自然阳光，3D渲染，体积光，自然光。生成结果如图4-13所示。

图 4-13　生成结果

描述语 4：外星人，机器面孔，错综复杂，优雅，高度细致，数字绘画，概念艺术，流畅，冷酷，插图，渐变背景，8K 画质。生成结果如图 4-14 所示。

描述语 5：美丽的赛博朋克城市街道，宽广，魔幻，搭配海市蜃楼效果，虚幻与现实，中国传统建筑，雕梁画栋，高分辨率，高清晰度。生成结果如图 4-15 所示。

图 4-14 生成结果

图 4-15 生成结果

描述语 6：美丽的建构主义，赛博朋克电影海报，朱迪·加兰主演的电影《绿野仙踪》，极简油画和墨水拼贴画，电影海报，几何拼贴，生动的色彩，8K 画质。生成结果如图 4-16 所示。

图 4-16　生成结果

描述语 7：赛博朋克动物，建筑，精致细节，机械感肖像，高分辨率，干净背景。生成结果如图 4-17 所示。

图 4-17 生成结果

描述语 8：赛博朋克风格，男孩，15 岁，全身照，融合艺术和科幻元素，使用糖果色彩，设计适合制作手办等周边产品，科技眼镜，复杂的背景，使用磨砂材质和逼真的细节，3D，8K 画质。生成结果如图 4-18 所示。

描述语 9：女生，真实，赛博朋克，激光质感，科幻，科技服装，背景发光，肖像。生成结果如图 4-19 所示。

图 4-18　生成结果

图 4-19　生成结果

描述语 10：未来风格，宠物机器人，头像，小狗，棕色，机械改造风格，超级可爱的机械脸，镭射质感，大眼睛，小嘴，侧视图，体积光，精致细节，辛烷渲染，渐变背景，8K 画质。生成结果如图 4-20 所示。

图 4-20 生成结果

描述语 11：猫，站立，赛博朋克艺术，CG 渲染，流行，超现实主义，芭比粉色，机器人，洛可可，风格大胆，精致细节。生成结果如图 4-21 所示。

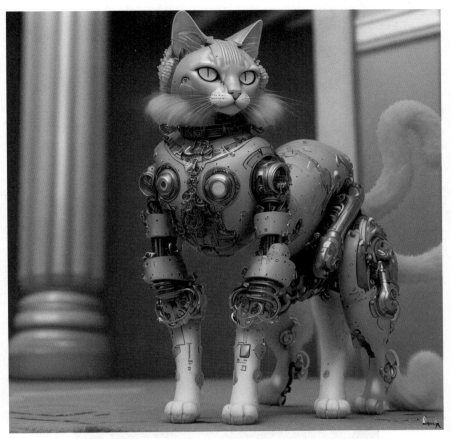

图 4-21　生成结果

　　描述语 12：一个女性脸部被塑料覆盖着，亚洲面孔，赛博朋克，科技背景，精致五官，侧身，3D 渲染，以特写方式呈现，高清画质。生成结果如图 4-22 所示。

　　描述语 13：一个 20 岁的女孩，机械类型身躯，正面，半身照，低角度俯拍，机械科技眼镜戴在她的脸上，未来主题，赛博朋克，科幻系列，C4D，虚幻引擎渲染，超现实主义，在宇宙飞船内，明亮背景，精致，惊人，闪亮，激光质感，机械材质，色彩鲜艳，超高清，精致的细节，精致五官。生成结果如图 4-23 所示。

图 4-22　生成结果

图 4-23　生成结果

描述语 14：一个漂亮的瓷轮廓超详细的女性机器人脸，在外太空，赛博朋克，美丽的柔和光线，精致的脸，充满活力的细节，赛博朋克，超现实主义，面部肌肉，微芯片，电子板，优雅，美丽的背景，渲染，最高图片质量，杰作，插图，精致美丽，极其详细，CG，令人惊叹的，细节精细的，艺术，细节清晰的，8K，银色。生成结果如图 4-24 所示。

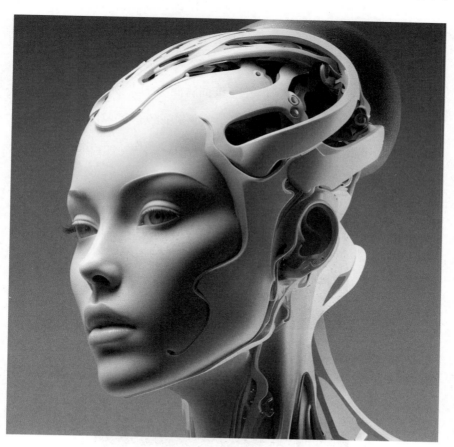

图 4-24　生成结果

描述语 15（实操案例）：年轻人，亚洲人，白袍，英俊，法术手势，武侠和仙女般的氛围，手握武器，游戏人物，被符文包围，霓虹灯，最佳品质，佳作，CG，HDR，高清，极其细致，逼真，史诗，人物设计，细节脸，超级英雄，细节 UHD，写实，CG 渲染，赛博朋克，精细刻画。

4.2.3 AI 赛博朋克风实操

文心一格中配备了赛博朋克相关的修饰词及画面风格，新手操作更容易上手。首先进入文心一格的操作界面，点击"AI 创作"，选择"自定义"模式，在"写下你的创意"中输入最核心的描绘内容，即主体物，我们以"年轻人"为例，并在该词后面添加人物细节、动作神态等描述语，如"亚洲人，白袍，英俊，武侠和仙女般的氛围，手握武器，游戏人物，被符文包围，霓虹灯，精致细节，佳作，cg，hdr 高清，极其细致，逼真"等，如图 4-25 所示。

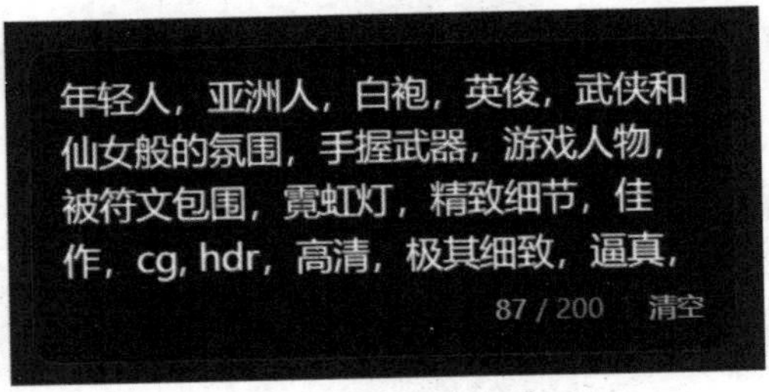

年轻人，亚洲人，白袍，英俊，武侠和
仙女般的氛围，手握武器，游戏人物，
被符文包围，霓虹灯，精致细节，佳
作，cg, hdr，高清，极其细致，逼真，

87 / 200　清空

图 4-25　关键词描述

接下来在"AI 画师"一栏，我们选择"创艺"；并指定画面风格，我们选择"写实"风格，如图 4-26 所示。

画面风格 ① 选填　　　　　　1/10

写实 ×

图 4-26　选择画面风格

在确定好画面内容和风格后，接下来需要根据我们的预想，利用修饰词进一步优化细节，以获得更精准的画作效果，这里我们选择"赛博朋克""精细刻画"，如图 4-27 所示。

图 4-27　填写修饰词

在尺寸的选择上，我们选择想要的规格、大小，本次操作以 1：1 为例。最后选择生成的数量，生成结果如图 4-28 所示。

图 4-28

AI 绘画实现专业摄影效果

在这个快节奏的时代，AI 技术的快速发展让我们惊叹不已。那么，AI 绘画生成的摄影类作品与摄影师的作品相比，哪方能更胜一筹呢？

AI 可以轻松识别场景、拍摄人脸、调整光线，甚至可以自动美颜，但是，人总是有不可测的瞬间和情感，这是 AI 无法感知的。

摄影师是一个活生生的人，可以把所看到的美丽瞬间通过镜头记录下来，并加入自己独特的审美和艺术感觉。他们懂得什么时候按下快门，捕捉到最美的角度和光线。这是 AI 无法做到的。

二者各有各的魅力。AI 可以帮助我们更快、更便捷地拍照，摄影师能给我们带来更加温暖和专业的拍摄体验。

总的来说，无论是 AI 还是摄影师，都会为我们带来更多的可能性和更多优秀的作品。

4.3.1　摄影常用关键词

镜头关键词：电影镜头、高速摄影、延迟摄影、长焦镜头、微距镜头、广角镜头、鱼眼镜头。

焦距关键词：对焦、景深、短景深、长景深、移轴摄影、运动模糊。

视角关键词：仰视图、鸟瞰图、斜倾视图、跃肩视图。

距离关键词：近景、中景、全景、远景。

灯光关键词：暖色调、冷色调、正午、阴天、投影、暖光、冷光、闪光灯、彩色光源、真实光源、强光源、弱光源、背光、顶光、体积光、气氛光。

相机滤镜关键词：红绿胶卷、绿粉色滤镜、色相偏移滤镜、拍立得、旧胶片、黑白记录、复古胶卷、针孔摄影、底片、黑白摄影、红外摄影。

4.3.2　摄影风格描述语参考

描述语 1：商业摄影，设计师口红产品，工作室灯光，8K 画质，辛烷渲染，高分辨率摄影，精致的细节，高级，专业的影棚灯光，专业摄影师，丰富的沉浸感，精湛的工艺。生成结果如图 4-29 所示。

图 4-29　生成结果

描述语 2：人物肖像，写真，摄影创意，中国藏族少女，五官精致，真实皮肤质感，皮肤纹理，民族服饰，精美的服饰和饰品，服装展示，丰富细节，逼真，山区背景，近景，看向镜头，民族纹饰，高级感，电影感，画面偏暗色调，时尚杂志，高清画质。生成结果如图 4-30 所示。

图 4-30　生成结果

描述语 3：米其林星级餐厅，方桌上的拿破仑蛋糕，干燥环境，美食摄影，产品照片，佳能 5D4 100mm 镜头，光圈 F/2.8, ISO 100，快门速度 1/125 秒，令人垂涎的感觉和诱人美味的呈现，真实的色彩和舒适的光线。生成结果如图 4-31 所示。

图 4-31　生成结果

描述语 4：奶油蘑菇汤，在酒店的卧室里，窗外有大海，美食摄影，米其林星级，令人垂涎欲滴和诱人的展示，景深，真实的色彩和舒适的光线。生成结果如图 4-32 所示。

图 4-32　生成结果

描述语 5：一个穿着深蓝色华丽衣服的女孩，灯光打在她身上，在下雨，黑色背景，白色薄雾，特写镜头，侧身，精致五官。生成结果如图 4-33 所示。

图 4-33　生成结果

描述语 6：一个非常美丽的亚洲女人，超现实，半身场景，电影风格，穿着新颖的花朵纹样服装，站在布满花朵的场景中，鲜艳色彩，75mm 镜头，F2.8，超逼真，摄影风格，高清画质。生成结果如图 4-34 所示。

图 4-34　生成结果

描述语 7：新鲜的覆盆子，缓缓滴落的水滴，仰拍，使用哈苏相机拍摄，ISO100，专业色彩分级，柔和的阴影，干净，绿叶，渐变感背景，美食杂志摄影，摄影作品，广告摄影，商业摄影，超清。生成结果如图 4-35 所示。

图 4-35　生成结果

　　描述语 8：一张宁静而悠闲的照片，一个悠闲的金发女郎享受她的空闲时间，漫步在玫瑰园，周围是盛开的玫瑰，柔和自然的颜色，明亮色调，柔和的自然光线，阳光，阴影，空灵的氛围，半身，景深，大师摄影，强调女士和玫瑰，50mm 镜头，生活摄影，精美艺术，红色上衣。生成结果如图 4-36 所示。

图 4-36　生成结果

描述语 9：夏日的户外树林，一个 19 岁的女孩在木屋的窗户旁往外看，窗户旁围绕着花朵，穿浅白色薄衣，半身拍摄，中景拍摄，人物肖像，摄影风格，真实的，电影感效果，梦幻主义，幻想，唯美浪漫，超高清，精致的细节，精致五官。生成结果如图 4-37 所示。

图 4-37　生成结果

描述语 10：站台，火车，鲜花，轨道，精致细节，摄影学院风格，怀旧风格，行驶中的列车，柔和的光线，景深，高清画质，哈苏相机，充满故事性，大师风格，照片般逼真的构图。生成结果如图 4-38所示。

图 4-38　生成结果

描述语 11（实操案例）：美丽女孩，白色连衣裙，白色纱裙，随性的姿势，全身摄影，背影，电影风格，背景有漂浮的水母，对称，高质量画质，服装设计，时尚摄影，逼真。

描述语 12：20 岁的女模特坐在汽车里，透过车窗，夕阳时分，微笑，自然的状态，年轻的活力，景深，模拟电影风格，精致细节，高保真摄影，精致五官，由富士胶片 XT4 拍摄。生成结果如图 4-39 所示。

图 4-39　生成结果

　　描述语 13：近距离拍摄，一位美丽的 18 岁中国女孩，短发，走在夏天的芦苇沼泽，充满温馨的氛围，胶片质感，人像拍摄，摄影风格，夕阳时分，丰富的细节，白色服装，阳光照在头发上，暖光，120m 焦距，ISO 400，胶片颗粒，角度，自然光，明亮，柔和，4K 画质，精致五官，大师摄影，完美照片。生成结果如图 4-40 所示。

图 4-40　生成结果

　　描述语 14：摄影，红色跑车，干净的背景，俯拍高角度视图，虚幻引擎渲染，辛烷渲染，电影光，超高分辨率，逼真的细节质量，图片完美，真实，广告摄影，无人，公路，8K 画质。生成结果如图 4-41 所示。

图 4-41 生成结果

4.3.3　AI 摄影风格实操

　　首先我们进入文心一格的操作界面点击"AI 创作"，选择"自定义"模式，在"写下你的创意"中输入最核心的描绘内容，即主体物。我们以"美丽女孩"为例，并在该词后面添加人物细节、动作神态等描述语，我们输入"白色连衣裙，白色纱裙，随性的姿势，全身摄影，背影，电影风格，背景有漂浮的水母，对称，高质量画质，服装设计，时尚摄影，逼真"，如图 4-42 所示。

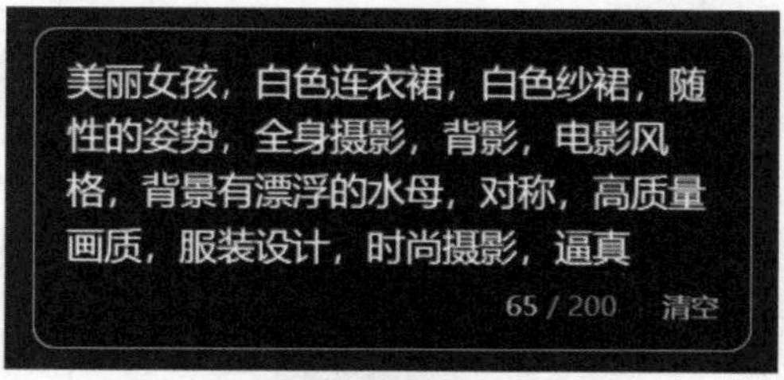

图 4-42　关键词描述

接下来在 "AI 画师" 一栏，我们选择"具象"。在"画面风格"一栏选择"写实"风格，如图 4-43 所示。

图 4-43　选择画面风格

在确定好画面内容和风格后，接下来需要根据我们的预想，利用修饰词进一步优化细节，以获得更精准的画作效果，我们选择"摄影风格""写实""精细刻画"，如图 4-44 所示，这是文心一格自带的修饰词描述，生成的摄影图片效果也会更逼真。

图 4-44

在尺寸的选择上，我们选择想要的规格、大小，本次操作以 4∶3 为例。最后选择生成的数量，生成结果如图 4-45 所示。

图 4-45　生成结果

4.4　3D 风格图片的生成

4.4.1　3D 风格图片的特点

3D 风格图片在扁平画的基础上融入物体的光影和质感，能够营造未来感。

3D 风格图片在视觉上直观简洁，质感饱满，可以提升视觉氛围。

3D 风格图片一般用于盲盒 IP、企业形象或产品的 IP 制作，例如美团外卖 APP 图标上的袋鼠，天猫 APP 图标上的黑猫，或是我们自己微信的头像等。

4.4.2　3D 风格人物图片描述语参考

描述语 1：超级可爱的女孩，国风服装，带着兔子造型的帽子，短发，时尚的衣服，精细的光泽，干净的背景，3D 渲染，渲染器，高清画质，精致细节，精致五官，正面视图，白色，灰色背景，站姿，图片比例 1 : 1。生成结果如图 4-46 所示。

描述语 2：一个可爱的女孩，水汪汪的眼睛，精致的帽子搭配花朵点缀，半身，学生装，黏土质感，渐变背景，自然鲜明，最佳质量，精致细节，精致五官，3D，C4D，渲染。生成结果如图 4-47 所示。

图 4-46　生成结果

图 4-47　生成结果

描述语 3：男生，穿着银色荧光全息雨衣，内搭黄色上衣，半身，黑色背景，干净背景，看向观众，镜头在前，特写，精致五官，3D，钻石光泽，霓虹色调，黏土材料，C4D，精致细节。生成结果如图 4-48 所示。

图 4-48　生成结果

描述语 4（实操案例）：一个可爱的女孩，半身，人物肖像，梦幻可爱的发饰，古装，干净明亮的渐变背景，白皙皮肤，3D 人物。

在使用 AI 绘画之前，我们要进行分析，需要清楚地知道我们想让 AI 绘画生成一张什么样的图，生成图片后，怎么去调整、完善它。

首先要确定主体物，以"一个可爱的女孩"为例，确定主体物后，在后面需要添加细致的描述语，来形容主体，如"半身，人物肖像，梦幻可爱的发饰，古装，干净明亮的渐变背景，白皙皮肤，3D 人物"，如图 4-49 所示。在"选择 AI 画师"一栏，我们选择"创艺"，如图 4-50 所示。

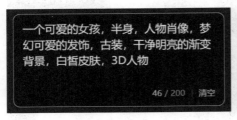

图 4-49 关键词描述　　　　　　　　图 4-50 选择 AI 画师

接下来是"画面风格"的选取，我们选择"动漫"风格，如图 4-51 所示。

在确定好画面内容和风格后，接下来需要根据我们的预想，利用"修饰词"进一步优化细节，以获得更精准的画作效果。在"修饰词"一栏中选择"3D 渲染""精细刻画"，如图 4-52 所示。

图 4-51 选择画面风格　　　　　　　4-52 填写修饰词

完整描述语为：一个可爱的女孩，半身，人物肖像，梦幻可爱的发饰，古装，干净明亮的渐变背景，白皙皮肤，3D 人物，3D 渲染，精细刻画。最后调整好图片的比例，在这里我们选择 1 : 1，如图 4-53 所示，最后选择需要生成的数量，生成结果如图 4-54 所示。

图 4-53　选择图片比例

图 4-54　生成结果

图片生成后我们可以看到，白皙的皮肤，梦幻可爱的发饰，渐变的背景，人物的五官及细节得到了完整体现，光线也很自然。我们保存好图片后，如果还想得到更多图片，可以再继续添加细节关键词，并点击"立即生成"。

将满意的图片下载完成后，我们还可以运用修图软件进行简单裁剪及修饰，这样一个 3D 风格人物图片就制作完成了。

4.4.4　3D 风格图标描述语参考

描述语 1（实操案例）：文件夹图标，微微打开，3D 图标，视觉表现设计，蓝色，灰色白色，透明磨砂玻璃材料质感，光线，C4D，渲染，渐变背景，高清画质。

描述语 2：一个游戏机，蓝色和白色，磨砂玻璃质感，科技感，视觉表现设计，等距，渐变背景，明亮的颜色，3D 艺术，C4D，辛烷渲染，光线追踪，精致细节。生成结果如图 4-55 所示。

图 4-55　生成结果

描述语 3：相机，黏土，卡通，日本游戏公司，游戏按钮装饰，光滑质感，有光泽，红色和紫色，渐变色背景，高质量细节，最佳画质，渲染，3D 图标。生成结果如图 4-56 所示。

图 4-56　生成结果

描述语 4：一个相机图标，蓝色配色，磨砂玻璃质感，高级设计感，产品设计，浅灰色渐变背景与精致的线性细节，工作室灯光照明，3D，C4D，精致细节，8K 画质。生成结果如图 4-57 所示。

描述语 5：数据安全形状图标，中心护盾为蓝色，白边，光滑，透明，科技感，产品设计，渐变灰白色背景，3D，C4D，精致细节，8K。生成结果如图 4-58 所示。

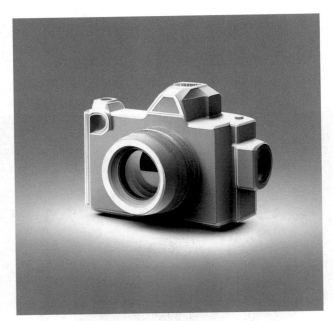

图 4-57　生成结果

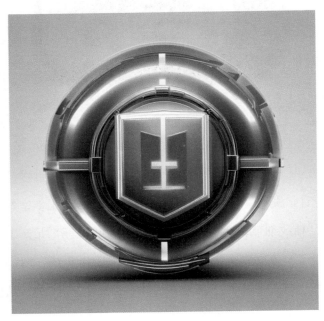

图 4-58　生成结果

4.4.5　商业 3D 风格立体图标生成实操

3D 风格立体图标可以呈现出立体感、立体效果，增强视觉冲击力和品牌认知度。3D 风格立体图标相较于传统平面图标具有以下优势。

一是立体感强。通过充分利用透视、阴影、材质等视觉元素，让图标呈现出立体感，增强视觉冲击力和品牌辨识度。

二是更具有表现力。立体风格图标更加生动，具有表现力，使消费者更容易接受并记住品牌。

三是更加美观。3D 风格立体图标可以让标志更加美观，更加符合现代审美观。

我们可以通过 AI 绘画制作 3D 风格立体图标。首先要确定主体物，以"文件夹图标"为例，确定主体物后再添加细致的描述语，如"微微打开，3D 图标，视觉表现设计，蓝色，灰色白色，透明磨砂玻璃材料质感，光线，C4D，渲染，渐变背景，高清画质"，如图 4-59 所示。

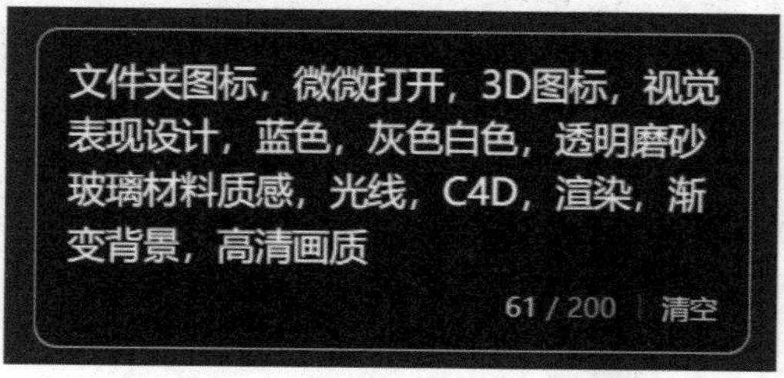

> 文件夹图标，微微打开，3D图标，视觉表现设计，蓝色，灰色白色，透明磨砂玻璃材料质感，光线，C4D，渲染，渐变背景，高清画质
>
> 61 / 200　清空

图 4-59　关键词描述

在"选择 AI 画师"一栏，我们选择"创艺"，如图 4-60 所示。

在确定好画面内容后，接下来需要根据我们的预想，利用修饰词进一步优化细节，以获得更精准的画作效果。在"修饰词"一栏中选择"3D 渲染""精细刻画"，如图 4-61 所示。

图 4-60　选择 AI 画师

图 4-61　填写修饰词

　　最后调整好图片的比例，因为图标形状多为正方形，因此比例选择 1：1，如图 4-62 所示。最后选择需要生成的数量，生成结果如图 4-63 所示。

图 4-62　选择图片比例

图 4-63　生成结果

盲盒玩具非常成功的案例之一便是泡泡玛特，其玩具设计相较于传统的玩具设计更具美感。嘟嘟的嘴唇、大大的脑袋、Q 萌的身体、繁多的角色和风格，让泡泡玛特吸引了大量粉丝，一旦泡泡玛特出了好看的盲盒，粉丝们就忍不住要去买两个，每次都在"它好贵"和"它好美丽"间纠结。抽盲盒时，能抽中哪一款完全靠运气，有时，没有得到自己想要的那一款时，就会萌生出再抽一个的想法。现在很多年轻人生活压力大，没有时间娱乐和放松，他们通过购买一些漂亮的、可爱的东西来为自己的生活带来满足感。泡泡玛特正是抓住了当代年轻人的这种需求，所以它获得了年轻人的青睐。

如今，随着 AI 绘画技术的广泛应用，我们也可以进行创意联想，制作出属于我们自己的盲盒玩具风格图片。借助 AI 绘画技术，我们能够根据自己对人物形象、衣服颜色等偏好来定制玩具的整体外观和形象特色，通过 AI 绘画实现盲盒玩具风格图片 DIY，既丰富了我们的业余生活，又锻炼了我们的创造力与想象力。

4.5.1　如何构建盲盒玩具风格

我们在生成盲盒风格图片前，首先要清楚制作步骤的以下要点。

（1）根据自己的需求确定主体的形象风格描述。

（2）输入不同的描述语进行测试。

（3）加入视图角度等关键词以及其他关键词进行测试，如正面视图、侧面视图和背面视图。

（4）画面尺寸是生成盲盒玩具风格图片的关键，尺寸、比例一定要提前确定。

之后，要认真设计核心关键词。

（1）主体描述如：盲盒，IP 形象设计。

（2）核心描述如：全身拍摄，卡通形象，前视图、侧视图、后视图。

（3）渲染描述如：泡泡玛特，干净背景，自然光，最佳质量，超级细节，渲染。

4.5.2　盲盒玩具风格关键词

1. 盲盒玩具风格描述语结构

形式＋风格＋人物取景＋场景人物描述（姿势动作、表情、穿着等）＋材质＋颜色＋背景＋光源＋画质＋渲染器＋画幅。

上述描述语结构中，不一定每个点都要填写，且每个点的词也可以多选、多填，要根据我们的需求来调整、补充、组合。

2. 生成盲盒玩具风格图片的常用基础关键词

3D 艺术作品（3D artwork），泡泡玛特（POP mart），盲盒（blind box），树脂模型（resin mockup），雕像（figure），黏

土材料（clay material），聚合黏土（Polyclay），软胶质（Sofubi），等距（isometric），黏土渲染（clay render），C4D，辛烷渲染（octane render），摄影师灯光（studio light），复杂细节（complex details），HD，8K。

4.5.3　盲盒玩具风格图片描述语参考

描述语 1：女生，外星人装扮，薄荷绿配色，渐变背景，卡通3D，正视角，黏土质感，环境光线，精致细节，冷漠，人物细节精致。生成结果如图 4-64 所示。

图 4-64　生成结果

描述语 2：女孩，时尚人物，模型，盲盒玩具，光泽和精致，渐变灰色背景，干净的背景，精细的光泽，三维渲染，最高质量，4K 画质，艺术风格，精致细节，不出现标识文字，玩具。生成结果如图 4-65 所示。

图 4-65　生成结果

描述语 3：超级可爱的男孩，全身肖像，站立，盲盒，大头娃娃，绿色上衣，卡哇伊，魅力，时尚，精心制作的服装，可爱的五官，精致细节，明亮的色彩，柔和的光线，渐变的背景，高品质，边缘光效，

8K 画质，精湛，3D。生成结果如图 4-66 所示。

图 4-66　生成结果

描述语 4：超级可爱的大眼睛男孩，穿着兜帽衣服，棕色头发，明亮的颜色，时尚的衣服，红色鞋子，全身肖像，站立，盲盒，侧面视图，干净的背景，渐变背景，黏土风格，精细光泽，工作室灯光，3D 人物，最佳质量，8K 画质，艺术风格。生成结果如图 4-67 所示。

图 4-67　生成结果

描述语5：超级可爱的两个女孩，大眼睛，盲盒玩具，粉色连衣裙和粉色帽子，绿色裙子，黏土，模型，光滑细腻，背景干净，渐变背景，全身，3D渲染，最佳质量，精致五官，精致细节。生成结果如图4-68所示。

描述语6：超级可爱的女孩，大眼睛，黏土模型，盲盒玩具，下雨天，穿雨衣，舞台背景，桃色雨衣，精致的脸，全身，自然照明，3D人物，3D渲染，质量最佳，精致细节。生成结果如图4-69所示。

图 4-68　生成结果

图 4-69　生成结果

描述语7：可爱的动漫女孩，大眼睛，机械风，生动的姿势，全身，霓虹灯色彩，黄色连衣裙，渐变的背景，盲盒风格，糖果色彩，精细光泽，C4D，3D模型，最佳质量，精致细节，8K画质。生成结果如图4-70所示。

图 4-70 生成结果

描述语8（实操案例）：可爱女孩，盲盒，站着，微笑着，短发，紫色的眼睛，在舞台上，自然灯光，柔和颜色，3D人物，黏土风格，渐变的背景。

描述语9：动物，柴犬3D形象，圆圆的尾巴，夸张造型，蓝色衣服，粉色，时尚潮流，眼镜，全身，渐变背景，干净背景，自然光，8K画质，最佳质量，精致细节，C4D，黑色靴子，侧身视图。生成结果如图 4-71 所示。

图 4-71　生成结果

4.5.4　盲盒玩具风格图片绘制实操

首先进入文心一格的操作界面，点击"AI 创作"，选择"自定义"模式，在"写下你的创意"中输入最核心的描绘内容，即主体物，我们以"可爱女孩"为例，并在该词后面添加人物细节、动作神态等描述语，如"盲盒，站着，微笑着，短发，紫色的眼睛，在舞台上，自然灯光，柔和颜色，3D 人物，黏土风格，渐变的背景"，如图 4-72 所示。

在"选择 AI 画师"一栏，我们选择"创艺"。并指定画面风格，选择"动漫"风格，如图 4-73 所示。

在确定好画面内容和风格后，接下来需要根据我们的预想，利用修饰词进一步优化细节，以获得更精准的画作效果。在"修饰词"一栏选择"精细刻画""3D 渲染"，如图 4-74 所示。

图 4-73

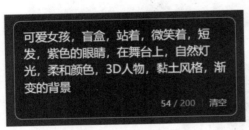

图 4-72　关键词描述

图 4-74　填写修饰词

在尺寸的选择上，我们选择想要的规格、大小，本次操作以 1：1 为例。最后选择生成的数量，画面生成结果如图 4-75 所示。

图 4-75　生成结果

第 5 章　AI 绘画商业实践

Logo 设计

5.1.1　Logo 有什么作用

在很多人的眼里，Logo 可能只是一个头像，或者只是一个简单的图案而已，但 Logo 作用远比我们想象的要多。

1. 识别作用

人们在购物的时候往往会通过"看"商品的标识去选择符合自己需求的品牌，如果在使用产品的过程中感到满意，那么便意味着该品牌的商品满足了消费者的需求，该品牌的 Logo 也就会在消费者心中占领一定的位置。若消费者还有需求的话，就可能会复购该品牌的其他产品，甚至对该品牌进行传播。一个好的 Logo 需要抓住品牌的特点，呈现品牌的特点、行业属性等。

品牌 Logo 的记忆点不可太多，太多的元素、符号等会干扰消费者识别 Logo，给人以不专业的印象。

2. 延展作用

Logo 的延展作用指的是将 Logo 设计的辅助图形、颜色延伸应用到品牌的其他方面，以增强品牌的一致性、连贯性和识别度。通过在各种媒体和平台上的应用，如网站、社交媒体、产品包装、名片等，将品牌形象传达给目标受众。Logo 应用的一致性可以建立品牌的识别度，让人们迅速将它与品牌联想到一起。思考如何用好 Logo，远比 Logo 本身更重要。

5.1.2　Logo 颜色的选择

色彩能够影响 Logo 的外表，Logo 的外表能够影响消费者的消费欲。下面介绍 Logo 的颜色的含义以及如何选择。

1. 红色

红色是不会被忽视的颜色，它可以引起人类强烈的情绪，可以用来创造一种迫切感。

含义：爱，危险，愤怒，力量。

行业：餐饮、俱乐部、游戏、电子等。

相关品牌：可口可乐、KFC、任天堂、Netflix、佳能等。

2. 黄色

黄色比其他颜色更亮一些，从麦当劳到 Snapchat，很多全球化品牌都利用了这一点，在标识中使用黄色。黄色可以很快引起人们的注意，同时也意味着重要性和警觉性。

含义：乐观、警示、新鲜、忠诚。

行业：餐饮、电子、家居、物流等。

相关品牌：麦当劳、宜家、Snapchat、尼康、国家地理等。

3. 蓝色

蓝色是代表理智的色彩，可以唤起用户的信任感，并传达专业性、能力和稳定性。蓝色象征着一种清新、明晰、合乎逻辑的态度。

含义：创新、可靠、开阔、冷静。

行业：金融、保险、科技、媒体等。

相关品牌：腾讯、戴尔、VISA、Facebook、瑞幸等。

4. 绿色

绿色是中和色，很温和，适合主张健康生活，与自然和谐相处的品牌，也象征着生机、和平与新的开始。

含义：自然、更新、新鲜、健康。

行业：环保、生活、媒体、电子等。

相关品牌：星巴克、爱奇艺、Shopify、Spotify 等。

5. 黑色和白色

黑色和白色用途广泛，中立且不引人注目，是"少即是多"的体现，简洁周到。

含义：力量、轻奢、简洁、高级。

行业：科技、鞋服、汽车等。

相关品牌：苹果、耐克、香奈儿、劳斯莱斯等。

随着生活水平逐渐提高，消费者的品牌意识也在不断提升，Logo 是一个品牌的表现，精致的 Logo 可以吸引消费者，而品牌正确选择 Logo 的颜色，可以更好地吸引消费者。

5.1.3 Logo 的风格

1. 几何风

几何风将品牌的特点或者内容用点、线、面相结合的形式进行表现，浓缩成一个极简的 Logo，每一笔一画都尽可能精简，是一种对图形的概括能力要求极高的设计风格。

适用行业：健身房、房地产、建筑、室内装潢、酒店民宿、互联网科技、服装服饰、汽车等。

2. 渐变风

当所有 Logo 都是单色的时候，渐变风格的 Logo 便独树一帜，通过光影、透明度、叠加等变化，给予人们一种年轻、有活力、轻盈的运动感。

适用行业：互联网科技、美妆日化、艺术展览等。

3. 手写风

手写的设计风格具有原生态、童趣和手工化的象征意义，在品牌、空间以及包装设计上，具有非常强的延展性和视觉的统一性。

适用行业：餐饮、食品、美妆日化、宠物用品等。

4. 插画风

插画风能让 Logo 瞬间脱颖而出，尤其对于商业 Logo 来说，与产品有关联、有象征性的动植物或者拟人化的形象，能够迅速拉近品牌与消费者之间的距离，未来会越来越流行。

适用行业：餐饮、食品、互联网科技、教育培训、宠物用品等。

5. 中式国潮风

随着消费升级，兴起了新式中国文化的潮流风格，俗称"国潮"。人人都在做国潮，但真正把中国文化刻进骨子里、产品里的品牌为数不多，产品需要结合自身定位来创造属于自己的风格。

适合行业：餐饮、食品、新式茶饮、文创周边、美妆日化、服装潮牌等。

6. 徽章风

徽章风 Logo 的起源最早可以追溯到原始社会氏族部落的图腾标志，徽章风 Logo 不仅具有厚重、传统的特点，也彰显了时尚、复古的味道。

适合行业：美发、服装服饰、教育培训、餐饮、食品。

7. 立体风

立体风在 Logo 形式上的运用更多是利用图形之间的正负空间，通过叠加、穿插、前后上下的空间对比，创造"伪立体"视觉效果，塑造出视觉上的三维错觉。

适用行业：室内装潢、酒店民宿、艺术展览、空间美陈、互联网科技等。

8. 正负形

正负形 Logo 设计利用辩证思路揭示了同一个画面的两个角度、两种意义，赋予 Logo 以无限的想象空间，为 Logo 增加丰富的内涵和趣味性。

适用行业：服装服饰、咖啡厅、艺术展览、室内装潢等。

5.1.4 Logo 描述语参考

1. 设计师风格 Logo

描述语：平面矢量化的熊猫 Logo，简约图形，细节照片，细节阴影，黑色背景，保罗·兰德设计风格。生成结果如图 5-1 所示。

图 5-1　生成结果

2. 简约图形 Logo

图形 Logo，通常由简单的图形元素构成。

描述语：平面矢量化的狐狸 Logo，简约图形，灰色背景，细节照片，细节阴影。生成结果如图 5-2 所示。

图 5-2　生成结果

3.　简约线条 Logo

简约线条设计已经流行了一段时间，可以通过图像、几何形状或线条元素来生成。

描述语：几何形状，Logo，线条，简约，灰色背景，十字线型，细节阴影。生成结果如图 5-3 所示。

图 5-3　生成结果

4. 字母风格 Logo

字母风格 Logo 是由字母组成的 Logo，通常是品牌缩写，例如 ZARA。

描述语：字母标志，扁平圆形排版，简约，褐色背景，精细设计，阴影细节，色彩轮廓。生成结果如图 5-4 所示。

图 5-4　生成结果

5. 日式风格 Logo

日式风格 Logo 具有独特的审美表现力。

描述语：樱花，圆形，简约，日本书籍封面风格，干净背景，花瓣，色彩轮廓。生成结果如图 5-5 所示。

图 5-5　生成结果

6. 抽象 / 几何 Logo（实操案例）

抽象 Logo 是一种特定类型的图形 Logo，以抽象图案或几何形式呈现。

描述语：植物图形 Logo，平面，灰度，简约，透明白色背景，色彩轮廓，细节阴影。

7. 徽章风格 Logo

徽章风格 Logo 由交织在一起的符号、字母及图案等组成。

描述语：徽章，复古简约，灰白色背景，阴影细节，装饰颜色。生成结果如图 5-6 所示。

图 5-6　生成结果

8. 游戏风格 Logo

游戏风格 Logo 在社交平台中非常受欢迎。

描述语：王冠，权杖，徽章，侵略性，圆形，矢量，褐色背景。生成结果如图 5-7 所示。

9. 吉祥物风格 Logo

吉祥物风格 Logo 以具有独特性格的角色为中心。

描述语：平面，简约，老虎，吉祥物，微笑表情，干净背景，色彩鲜艳。生成结果如图 5-8 所示。

图 5-7　生成结果

图 5-8　生成结果

我们首先进入文心一格的操作界面,点击"AI创作",选择"自定义"模式,在"写下你的创意"中输入核心的描绘内容,这里以"植物图形LOGO"为例,确定主体物后添加细致描述语,如"平面,灰度,简约,透明白色背景,色彩轮廓,细节阴影,"如图5-9所示。

图 5-9 关键词描述

在"选择 AI 画师"一栏,我们选择"创艺",如图 5-10 所示。

图 5-10 选择 AI 画师

在确定好画面内容后,利用修饰词进一步优化细节,以获得更精准的画作效果。在"修饰词"一栏选择"精细刻画",如图5-11所示。

图 5-11 填写修饰词

最后调整好图片的比例，选择 1 ∶ 1。选择需要生成的数量。生成结果如图 5-12 所示。

图 5-12　生成结果

5.2 电商海报的设计创作

电商海报在产品展示及吸引目标受众等方面有着不可替代的作用。在设计电商海报时，我们可以根据所宣传的内容构思文案、构图以及选择字体，使主题更加明确，凸显商品的个性风格，吸引消费者购买。

5.2.1 设计电商海报的意义

1. 传递产品信息

海报设计以突出产品、传递信息为主，在制作海报时，关键是要突出产品的特点和核心信息。通过使用各种图像、颜色和文字等元素，吸引潜在消费者的目光并引起他们的兴趣。以美食类海报为例，可以使用鲜艳的颜色展示精美的食物图片，并配以简洁明了的文字描述，让消费者即刻了解产品所提供的独特价值。

2. 吸引消费者

成功的海报设计应该能够有效吸引消费者的注意，引起消费者的兴趣。为了实现这一目标，可以运用别具一格的设计元素，例如独特的图案、有趣的插图或创意文字排版等。同时，在选择字体和颜色时也要考虑到产品所要表达的品牌形象和目标受众群体，以确保海报能够使消费者产生共鸣。

5.2.2　设计电商海报的要点

1. 主题突出

电商海报必须有一个主题，所有元素全部围绕这个主题展开，通过形式强化内容，但是形式不可大于内容。形式大于内容会干扰、弱化内容，使主要信息不被重视。可以使用颜色、字号、位置等来突出内容。

2. 形式美观

字体对形式美观有一定的影响。把字体按照不同目标类型、风格，分成若干种常用的字体，建立常用字体库，做好常用模板。

设计海报需要构图。构图的主要作用是将视觉元素用合适的比例安排在一起，从而形成平衡的视觉感，因此构图在海报设计中的作用非常重要。

5.2.3　AI 绘画海报设计描述语参考

描述语 1：巴士，花朵，道路，3D，创意海报，自然风光，复杂细节，3D 渲染，8K 画质，蓝色天空，花团锦簇。生成结果如图 5-13 所示。

描述语 2：天空中的飞船，发出一束光，光照射在海洋上，云朵，遨游，科技感背景，红色，90 年代的游戏风格，涂鸦，精致细节，漫画风格，不需要文字。生成结果如图 5-14 所示。

图 5-13　生成结果　　　　　　　　　　　图 5-14　生成结果

描述语 3：光线追踪，伦勃朗照明，薰衣草花园，草丛，植物，艺术感，景深，逼真，辛烷渲染，C4D，复杂的细节，精致细节。生成结果如图 5-15 所示。

描述语 4（实操案例）：小男孩，划船，船桨，湖面上，远处群山，蓝天白云，夏日美景，中式色彩，自然光，3D 渲染，精致细节，辛烷渲染，画质最佳。

描述语 5：芒种节气，摄影景深效果，清新，万物复苏，绿色，小麦，小女孩戴着帽子，穿着国风服饰，可爱，色彩丰富而饱和，细节精致，中国风海报，16K 画质。生成结果如图 5-16 所示。

图 5-15　生成结果　　　　　　　　　图 5-16　生成结果

　　描述语 6：插画风，人物手持手机，波普艺术风格色彩，涂鸦式，星星，创造性的人物设计，色彩轮廓。生成结果如图 5-17 所示。

　　描述语 7：一个微笑的中国小女孩，黑色长发，遨游在一片巨大的麦田森林，明亮的光线，墨绿色的背景，海报，幻想，斑纹光，平面类型，8K 画质，精致细节。生成结果如图 5-18 所示。

图 5-17　生成结果

图 5-18　生成结果

AI 绘画软件海报创作实操

　　首先进入文心一格的操作界面，点击"AI 创作"，选择"自定义"模式，在"写下你的创意"中输入最核心的描绘内容。以"小男孩"为例，确定主体物后添加细致的描述语，如"划船，船桨，湖面上，远处群山，蓝天白云，夏日美景，中式色彩，自然光， 3D 渲染，精致细节，辛烷渲染，画质最佳"，如图 5-19 所示。

图 5-19　关键词描述

在"选择 AI 画师"一栏，我们选择"创艺"。然后指定画面风格，这里我们选择"插画"风格，如图 5-20 所示。

图 5-20　选择画面风格

在确定好画师风格及画面内容后，需要根据我们的预想，利用修饰词进一步优化细节，以获得更精准的画作效果。在"修饰词"一栏选择"3D 渲染""辛烷渲染"，如图 5-21 所示。

图 5-21　填写修饰词

接着调整图片的比例。海报多为竖排版，因此我们选择 9 ∶ 16 的比例，如图 5-22 所示。

图 5-22　选择图片比例

最后选择需要生成的数量，等待生成结果。选取满意的图片后，用修图软件为海报加上所需的文字，进行排版，一张自己创作的海报就完成了。海报效果如图5-23所示。

图 5-23 海报最终效果图

5.3.1 什么是包装设计

包装设计指的是对我们现实生活当中各种产品的包装进行设计。包装设计的本质，是对产品的再开发，目的是把产品包装变成一个信息包。包装本身就是一种营销手段。包装既是购买理由，也是商家对消费者购买产品的一种承诺。包装是"为用户服务"的设计，也是客户持续购买的理由。我们同样可以运用文心一格来绘制包装设计图，图片效果堪比实物。

5.3.2 包装设计的特点

1. 明显的品牌特征

包装的第一要务是要使消费者容易识别品牌，无论在什么时候，消费者只要看一眼就包装知道是哪个品牌。设计手法有：放大标识和品牌名，搭配特有的包装形状、特别的颜色、特别的花边等。

2. 让产品更显眼

要想让产品在货架上有强烈的吸引力，产品的包装就需要在货架上脱颖而出，迅速吸引消费者注意力，可以利用色彩反差、大面积陈列等方式。

3. 美学功能与价值体现

好看的设计本身就是产品价值的一部分，包装样式漂亮很容易吸引消费者购买。此外，消费者还会通过包装的质感去判断品牌的价值。

5.3.3 包装画面的设计类型

包装画面的设计类型，也就是包装上出现的画面元素一般分为以下5类。

1. 实物展示型

这种类型的包装设计使用产品的实物图像来展示产品的外观和特征，适用于食品、饮料、化妆品、电子设备等需要展示产品外观的商品。

2. 插画型

插画型包装设计使用绘画、插图或图形来呈现产品特点或场景，适用于儿童产品、图书、家居用品等需要营造特定氛围或与客户产生情感连接的商品。

3. 图形图案型

图形图案型包装设计使用简洁的几何形状、符号、图标等来传达产品信息和品牌形象，适用于家居用品、电子产品、健康与健身产品等需要体现简洁、现代感的商品。

4. 模特型

模特型画面包装设计使用人物模特来展示产品的使用方式、效果或使用场景，适用于服装、化妆品、配饰等需要在真实人物身上展示的商品。

5. 品牌标志型

品牌标志型包装设计是将品牌标志或商标作为包装的主要图像元素，以突出品牌的辨识度，适用于各类产品，特别是品牌重要性较高的商品。

5.3.4　包装设计描述语参考

描述语 1：产品包装，包装上有手绘风格的青果，被茂密的树叶和异国情调的花朵所环绕，摄影师拍摄，充满吸引力，异国情调，华丽，活泼，多彩，俏皮，构图。生成结果如图 5-24 所示。

图 5-24　生成结果

描述语 2：洗洁精瓶，包装设计，无手柄，有标签，颜色多样，清洁，灰色背景，专业摄影。生成结果如图 5-25 所示。

图 5-25　生成结果

描述语 3：包装设计，产品，包装盒图案精美，灰色背景，影棚灯光，商业摄影，中心构图，光影，精致细节。生成结果如图 5-26 所示。

图 5-26　生成结果

描述语 4：酒类产品包装，三色调，毛玻璃质感，有文字，纹理，影棚灯光，阴影。生成结果如图 5-27 所示。

图 5-27 生成结果

描述语 5：高端葡萄酒包装设计，墨绿色线条绘制插画，花卉，植物，绿叶，欧式花卉图案，英文排版，高品质，精致细节。生成结果如图 5-28 所示。

图 5-28 生成结果

描述语 6：啤酒包装设计，英文标签，蓝色与橙色包装，包装盒，两种瓶装风格，影棚灯光，商业摄影。生成结果如图 5-29 所示。

图 5-29　生成结果

描述语 7：蛋糕产品包装，白色及粉色搭配，英文排版，细节，影棚灯光，商业摄影，摄影师拍摄。生成结果如图 5-30 所示。

图 5-30　生成结果

5.3.5　AI 绘画包装设计创作实操

利用 AI 绘画进行包装创意创作时常用到的公式：包装设计 + 包装产品 + 包装材料 + 包装形式 + 画面描述 + 设计风格。灵活应用该公式，我们可以将 AI 绘画应用到包装设计过程中的各个环节。

1. 指定包装产品

AI 绘画软件有一个特点，就是限定的关键词越少，AI 的创意空间越大。例如，我们只限定包装的产品为"酒"，由于限制少，不断地刷新，即可生成无数种全然不同的酒的包装设计图片，如图 5-31 所示。我们可以在多张图片中进行筛选，从而实现多种选择。

图 5-31　AI 绘画生成的多种酒类包装

2. 指定包装形式

由于没有做过多的限制，在生成酒的包装设计的过程中会随机出现纸盒、纸袋、瓶装、罐装等包装形式，如果用户确定了包装形式，我们只需要把包装形式加入到关键词描述中即可。

3. 指定包装画面

为了让包装设计能体现产品的特点，我们可以描述我们希望包装呈现出的画面内容，比如，我们想要设计水果类包装，则可以限定画面中的标签为水果主题。

4. 指定包装风格

在未指定风格的情况下，生成的效果偏向于传统风格。如果在设计之初就有明显的风格倾向，也可以将风格描述加入细节描述中，可设计出更符合现代人简约审美的包装作品。并非所有包装设计的元素都是具象的，也可能是抽象的，无论是具象的还是抽象的元素，都可以利用设计风格关键词使设计作品看起来更具艺术性和独特性。

接下来我们用 AI 绘画创作一款产品包装设计。

首先进入"AI 创作"，选择"自定义"模式，在输入框中确定主体物的描绘内容，以"维生素产品"为例，确定主体物后，添加细致的描述语，如"现代包装设计，白色瓶子，黑色瓶盖，简约设计，将吸引客户，标签的颜色为橙色，也可以搭配绿色，影棚灯光，商业摄影"，如图 5-32 所示。

图 5-32　关键词描述

在"选择 AI 画师"一栏，我们选择"具象"。在确定画师风格后，我们可以利用修饰词进一步优化细节，以获得更精准的画作效果。在"修饰词"一栏选择"摄影风格""商业摄影"，如图 5-33 所示。

图 5-33　填写修饰词

接着调整好图片的比例，这里我们选择 16 ：9。最后选择需要生成的数量。生成结果如图 5-34 所示。

图 5-34　生成结果

如果用户对包装风格没有要求，我们想获得更多设计方案灵感，那么我们可以减少细节描述关键词，仅通过主体关键词生成图片。

通过 AI 绘画实现变现

我们运用 AI 绘画尽情发挥创意的同时，也可以通过 AI 绘画实现变现。下面为大家总结一些 AI 绘画常见的变现途径，可供参考。

1. 头像/壁纸类定制

这类创作简单易上手，我们在熟悉 AI 绘画的操作后就可以接单，根据客户的要求，使用 AI 绘画软件生成相应的头像或壁纸类的图片即可，比如最近流行的 AI 风格头像。利用 AI 绘画软件生成高质量壁纸，发布到自媒体平台，配上高级的文案，可以吸引更多用户，从而拓宽盈利渠道。

2. 出售 AI 绘画教程

AI 绘画已成为热门话题，很多人对 AI 绘画感兴趣，但是不知道如何入手，我们可以通过教授他人了解及使用 AI 绘画软件来实现变现，不过这种变现方式较耗费自己的时间。

3. AI 绘画模型变现

我们可以用 AI 绘画软件制作绘画模型，将其上传到 AI 绘画平台，部分 AI 绘画平台有绘画模型收益分成，这种变现方式较为轻松，绘画模型需求量大，收益稳定。

4. 绘画作品出售

我们利用 AI 绘画技术创建高质量的绘画作品后，可以将其出售给需要绘画作品的设计师或者设计公司等，但这种方式需要创作者具备较高的绘画技能和创造力，作品需要具有较强的吸引力。我们也可以把自己的作品出售给素材网站。

5. 设计服务

我们可以使用 AI 绘画技术为客户提供设计服务，例如设计标识、海报、插图等。AI 绘画系统生成的素材种类多、样式全面，可以极大地满足客户的设计需求。如果创作者是设计师的话，可以对 AI 绘画生成的作品进行二次优化，创造出高质量作品。

6. 软件开发

我们可以通过编写软件程序，实现更加高效、智能的 AI 绘画功能，然后将其出售给企业或个人，这种方式需要一定的编程技术和市场洞察力，但最重要的是要开发出具有竞争力的软件产品。

以上就是个人使用 AI 绘画可实现的变现方式。如果是公司的话，则可以在设计图片的时候用 AI 绘画软件辅助生成图片，用于产品设计、广告或宣传中，也能实现变现。